SAÚDE:

compreender a Ciência para ir além

Catalogação na Fonte
Elaborado por: Josefina A. S. Guedes
Bibliotecária CRB 9/870

B162s
2024

Baião, Fábio Ribeiro
Saúde: compreender a ciência para ir além / Fábio Ribeiro Baião. – 1. ed. – Curitiba: Appris, 2024.
95 p. ; 21 cm.

Inclui referências.
ISBN 978-65-250-5755-2

1. Saúde. 2. Educação. 3. Cuidados pessoais com a saúde. I. Título.

CDD – 613

Editora e Livraria Appris Ltda.
Av. Manoel Ribas, 2265 – Mercês
Curitiba/PR – CEP: 80810-002
Tel. (41) 3156 - 4731
www.editoraappris.com.br

Printed in Brazil
Impresso no Brasil

Fábio Ribeiro Baião

SAÚDE:

compreender a Ciência para ir além

FICHA TÉCNICA

SUPERVISOR DA PRODUÇÃO	Renata Cristina Lopes Miccelli
PRODUÇÃO EDITORIAL	William Rodrigues
REVISÃO	Márcia Regina Pereira Sagaz e Marco Antonio Lapa Silveira
DIAGRAMAÇÃO	Renata Cristina Lopes Miccelli
CAPA	Bianca Silva Semeguini
REVISÃO DE PROVA	William Rodrigues

AGRADECIMENTOS

Agradeço à minha família, especialmente à minha esposa, Patrícia Alvarenga, pelo estímulo e generosidade e pela compreensão sobre minha ausência nos meus momentos de estudo e trabalho. À minha mãe, Dadá, que me guiou nas primeiras redações, escrevendo junto para demonstrar o processo de construção das ideias. Ao meu pai, pelo exemplo de dedicação e ponderação. Aos meus professores e pacientes que com seu testemunho de vida me cativam com suas sabedorias.

Sou grato ainda ao espaço de publicação para disseminação do conhecimento, cedido pelo *Jornal Diário do Comércio*, que muito me incentivou.

PREFÁCIO

As crônicas que o Fábio magistralmente redige são sempre oportunidade e ocasião de reflexão sobre a nossa missão aqui nesta Terra. Com simplicidade e clareza traz periodicamente assuntos diversos que remetem ao nosso dia a dia.

Fábio tem o dom de lidar com as palavras com leveza e ao mesmo tempo muita profundidade, pois, de maneira ímpar, traz pontos de vista que nos permitem mergulhar no mais íntimo de nosso ser. Ao mesmo tempo que nos leva à reflexão, dá as pistas necessárias para lidarmos com os desafios que porventura surjam em nossa caminhada.

Traz consigo a esperança, a autoestima, o autoconhecimento, a solidariedade, o comprometimento, a fé e, sobretudo, o amor, ingredientes necessários para superação dos problemas que o ser humano vivencia, sejam eles físico, emocional ou psicológico.

Com sabedoria, inteligência, bom humor e muita cultura, sempre encerra seus textos com alguma pérola da música popular brasileira.

Fábio, você é um ser humano no mais amplo sentido da palavra. Tenho imenso orgulho de poder falar de seus textos.

Agradeço a Deus pela sua vida e trajetória como médico e pessoa generosa que tanto bem vem fazendo aos que necessitam de assistência nos momentos de profunda dor.

Parabéns e continue nos brindando e emocionando com suas reflexões extraídas do mais profundo de sua alma e, sobretudo, de seu coração.

Um grande abraço e sucesso sempre.

De seu amigo,

Francisco Carlos Sales Nogueira

Mestre em Medicina pela Universidade Federal de Minas Gerais

SUMÁRIO

1

Janeiro branco – o mundo das emoções e as interações com a Ortopedia

Máquinas têm problemas, e seres humanos têm emoções. Com essa máxima podemos interpretar nosso mundo mental segundo a segundo. Daí a criação do janeiro branco para lembrar da saúde mental. Nossas atitudes provêm de influências profundamente arraigadas em nosso âmago, quer conscientes, inconscientes e às vezes decorrentes de vibrações caraterísticas e até de defeitos do ente físico que nos constitui.

A medicina, a psicologia, a administração com sua gestão de pessoas e inumeráveis outras ciências carregam consigo a arte de compreender as pessoas na individualidade e no coletivo.

Desde que o homem habita a terra ele procurou agregar-se em comunidades. É interessante como a necessidade de colaboração para se munir de habilidades complementares o fez constituir comunidades onde quer que ele originalmente tenha habitado em longínquas regiões do planeta. É digno de nota que havia um número "mágico" de 142 pessoas por agregamento, para viverem em equilíbrio, quer essa comunidade fosse na África, na Oceania, no Ártico ou em qualquer outro local que seja. A partir daí ocorria um desprendimento do grupo excedente para viver sua própria identidade. Assim, desde os primórdios testemunhamos a ocorrência de distanciamento entre grupos de pessoas e sua cisão, pois conviver é um desafio. As tensões da separação, as disputas internas e depois a luta por espaços, por territórios e pela dominação não são isentas de cicatrizes ou traumas, emocionais ou físicos, bem sabemos.

No mundo moderno aprender a conviver com as diferenças é um aprimoramento social com dinâmica constante, quer sejam nas leis, quer no comportamento das mídias sociais, mas principalmente na convivência em família e no ambiente do trabalho. O ambiente de convivência íntimo de uma em cada três pessoas sofre continuamente de tensões que levam ao sofrimento emocional ou físico. Uma de cada dez pessoas que sofreram um traumatismo e procuraram uma Unidade de Pronto Atendimento tiveram sua lesão provocada por violência doméstica. Muitas lesões ocorrem por se colocar em situações susceptíveis, ou se negligenciar em situações de perigo, ou ao estar desatento da atividade em execução ao estar "em outro local" em um conflito interior. Por exemplo, pacientes adultos maiores de 20 anos com desordens do humor têm uma chance em trinta de sofrerem uma fratura da coluna, idosos maiores de 65 anos com fratura por osteoporose e dor crônica têm uma probabilidade 30% maior de suicídio em relação à população, o mesmo ocorre de forma geral nas doenças debilitantes, nas fraturas do quadril comuns nos idosos, mormente quando se associam à depressão e à solidão.

Certas fraturas levantam suspeição imediata da possibilidade de que o mecanismo causador tem subjacente uma desordem psicológica, tal como ocorre em 50% das fraturas do calcanhar, e na assustadora cifra de 100% das fraturas do colo do quinto metacarpo na mão, autoprovocada, quando se dá um soco em uma superfície dura, em um momento de raiva ou agressão, e a mão é quebrada. Quinze por centro de todos os traumatismos ocorrem na mão e esse modelo perfaz um quinto das ocorrências. O perfil típico é homem jovem entre 15 e 35 anos, porém, um terço dos casos ocorrem em mulheres. A constatação da falta de maturidade para lidar com as frustrações levando a lesões autoimpingidas, ou a facilitação para que ocorram são aspectos médicos e sociais profundos. O uso do álcool, tabaco, e drogas para amenizar o estresse quotidiano é uma condição que permeia a sociedade, e que não pode passar desapercebida. As crianças também não passam sem serem notadas no exame ortopédico, pois 70% das que apresentam lassidão ligamentar (uma condição em que as juntas são "moles" e por isso têm uma amplitude da quantidade de movimento muito além do normal) têm desordem de ansiedade que necessita de cuidados especializados. Também, uma em cada cinco mortes em crianças são causadas por ocorrências de veículos em que adultos estavam dirigindo, demonstrando a responsabilidade dos vários fatores causais, quer sejam eles valores culturais ou condições intrínsecas das vias, pois uso de cinto de segurança, velocidade do veículo, obediência às regras de trânsito, condições de circulação do automóvel, e juízo e lucidez do condutor são "escolhas" de quesitos bem conhecidos.

O custo social onera a todos. É representado pelas situações que levam ao uso da Saúde Pública, afastamento do trabalho pela Previdência Social, perda horas-homem de trabalho para a nação, sequelas definitivas, mas principalmente sofrimento para o indivíduo alterando sua qualidade de vida, além de para os que estão à sua volta. Demonstra-se claramente a força do impacto da saúde mental na sociedade. A contribuição de cada um começando por construir a paz consigo mesmo, e depois com quem está ao lado é um caminho de aprimoramento pessoal que dura toda a vida. Viver em harmonia é um dom que pode ser aprendido.

Referências

Harmer B, Lee S, Duong TVH, Saadabadi A. Suicidal ideation. Treasure Island (FL): StatPearls Publishing; 2022 May 18.

Kim SY, Min C, Park B, Kim M, Choi HG. Evaluation of the increased risk of spine fracture in patients with mood disorder compared with matched controls: a longitudinal follow-up study using a national sample cohort in Korea. BMJ Open. 2019 Nov 28; 9(11): e027581.

Therborn G. O mundo: um guia para principiantes. São Paulo: Editora Contexto, 2013.

2

Fevereiro laranja e roxo

Acelera a asa do sorriso
Muda o colorido, vira o ponto de visão.

(Queiroga e Lenine)

As cores da "determinação" e do "mistério" são as que caracterizam a tintura do mês para conscientizar as doenças colocadas sob holofote no mês de fevereiro. Atribuir uma cor a um determinado mês para falar de algum tema de saúde foi uma iniciativa bem-sucedida de campanhas que se iniciaram no final da década de 1940 e proliferaram por seu forte apelo pelo bem comum. São muitas as circunstâncias de saúde que merecem relevância, e os destaques variam de país para país de acordo com suas prioridades.

Nesse segundo mês do ano, entre nós, a cor alaranjada é para lembrar da Leucemia, e a cor roxa para o Lúpus, Fibromialgia e Alzheimer. Daí, o título para fazer contraponto. É que dá até inveja, ou talvez nostalgia do viver de outrora, o viço exuberante nos versos da canção de Lenine/Queiroga citados na epígrafe. Eles demonstram o sentimento de completude quando se está bem. Posso explicar. A perda de energia expressada nas queixas de sensação de fraqueza, e fadiga comuns às três primeiras condições citadas são capazes de fazer enxergar a vida de modo diferente. Lembram-se do encanto provocado quando passamos das fotos preto e branco para as coloridas? Pois é. Na doença, voltamos ao preto e branco. Assim, nas doenças citadas, a qualidade de vida e as habilidades de se cuidar de forma independente, sejam os afazeres de casa, pessoais ou profissionais ficam comprometidas.

Os temas são extensos e por isso elegi falar um pouco da fibromialgia, doença que afeta de 2% a 8% da população, mas que causa um forte impacto na saúde pois consome muitos recursos de assistência em todos os seus aspectos. Sessenta a noventa por cento dos pacientes são mulheres acima de 45 anos; e vários eventos pode servir de gatilho para o surgimento das queixas. Para começar é importante contar que o diagnóstico é difícil. Tanto que a concordância até mesmo entre os especialistas é frequente, cerca de 75% somente. Não é de se assustar. Os critérios diagnósticos podem ser interpretados de forma distinta por diferentes profissionais dependendo de como a história do paciente é relatada. Além disso, muitos sintomas são comuns a diversas outras condições e podem demandar exames laboratoriais sequenciais, e tempo de observação para se chegar a uma conclusão.

Os principais sinais e sintomas são distúrbio do sono (em 70% dos casos), fraqueza dos braços e das pernas (50% dos casos), ansiedade, depressão, irritabilidade intestinal, tendência a empachamento (devido esvaziamento lento do estômago), prisão de ventre, rigidez matinal, fadiga e obesidade.

Dentre as causas atribuíveis, pode haver uma predisposição genética: enzimas "preguiçosas" até 11 vezes mais lentas, alteram o metabolismo de neurotransmissores, e predispõem a um estado de hipersensibilidade. Assim, estímulos habitualmente não dolorosos representam agressão para aqueles indivíduos. Sabe-se que 70% das alterações dos genes dos pacientes fibromiálgicos são comuns a desordens psicológicas, como ansiedade e depressão. Outros 40% dos genes são comuns a desordens que causam hipersensibilidade à dor, enxaqueca, doenças imunológicas, problemas circulatórios ou alterações metabólicas.

Outra hipótese é que os fibromiálgicos possam ter um aumento da pressão dentro do sistema nervoso central. Isso explicaria certos sintomas, como dor de cabeça, perda da audição, zumbido, tonteiras, rouquidão, alteração do olfato, nariz escorrendo por rinite não alérgica, alterações visuais, visão dupla, olho seco, bruxismo devido à hipertonia dos músculos da mastigação, e que leva também à dor na articulação tempomandibular (ATM). Essa pressão intracraniana aumentada também desencadearia a dilatação das bainhas de certos nervos (condição conhecida como cistos de Tarlov). Para se ter uma ideia, somente no máximo 9% da população geral têm esses cistos, mas nos pacientes com fibromialgia eles estão presentes na incidência de 40% nas mulheres e 12% nos homens. Isso seria a principal causa das dormências nos membros e dores nas costas desses pacientes. Tanto que em 90% dos pacientes o exame de eletroneuromiografia dos membros pode conter alterações. A dor não explicada, frequentemente atribuída à depressão é discutível. Não seria a depressão consequência dos nervos doentes? É uma discussão bem conhecida: quem nasceu primeiro: o ovo ou a galinha.

Destarte, estamos longe da elucidação desse enigma. É provável que com o avanço dos conhecimentos grupos distintos de doenças sejam reconhecidas, e assim venhamos a diagnosticar diferentes condições nesses pacientes com sintomas aparentemente comuns entre si. À medida que se aprimorar o diagnóstico então será possível melhorar as proposições de cuidados ideais – medicamentosos e não medicamentosos. Hoje, menos da metade dos pacientes respondem habitualmente aos tratamentos habituais. Para não dizer que diferentes sistemas da Saúde respeitáveis mundo afora não reconhecem as estratégias de tratamento com unanimidade, fatos bem conhecidos e testemunhados qualquer que seja a doença.

É ainda importante lembrar que em tempos de uso ampliado de antibióticos devido à pandemia, alguns tiveram sua bula enriquecida em 2018 com efeitos adversos adicionais que sugerem a fibromialgia, pelo órgão americano de controle de medicamentos (FDA). Dentre os citados, estão a amoxicilina, a azitromicina, e os da classe das fluoroquinolonas.

Para finalizar, deve-se enfatizar que o Covid-19 tornou-se uma nova fonte de referência pós-traumática seja do ponto de vista psicológico, psiquiátrico ou neurológico. Muitos pacientes desenvolvem sintomas diversos semelhantes à fibromialgia cerca de seis semanas depois de terem tido a doença. Somente a educação continuada capacitará *pari passo* os profissionais da Saúde, e os pacientes que carregam esse sofrimento, diante de um mundo com novos desafios e transformações. Queremos novamente um mundo colorido.

Referências

Ganjizadeh-Zavareh S, Sodhi M, Spangehl T, Carleton B, Etminan M. Oral fluoroquinolones and risk of fibromyalgia. Br J Clin Pharmacol. 2019 Jan; 85(1): 236-9.

Hulens M, Rasschaert R, Vansant G, Stalmans I, Bruyninckx F, Dankaerts W. The link between idiopathic intracranial hypertension, fibromyalgia, and chronic fatigue syndrome: exploration of a shared pathophysiology. J Pain Res. 2018 Dec 10; 11: 3129-40.

Martinez-Lavin M. Biology and therapy of fibromyalgia. Stress, the stress response system, and fibromyalgia. Arthritis Res Ther. 2007 Jul 6; 9(4): 1-7. [acesso em 2023 nov 13]. Disponível em: https://arthritis-research.biomedcentral.com/counter/pdf/10.1186/ar2146.pdf.

3

A temperatura das estrelas

Mensurar a temperatura do corpo humano ganhou de novo um impulso depois da pandemia por Covid-19, colocando-a em evidência em relação aos outros três sinais vitais básicos: pressão arterial, frequência de pulso, e frequência respiratória. É que, depois de intensos estudos sobre os 60 fatores mais importantes para a gravidade do Covid-19, o comportamento da temperatura é listado como um dos sete mais relevantes, juntamente a idade, sinais de sepse (infecção generalizada), Diabetes, e os exames laboratoriais dímero D, proteína C reativa, e albumina. Para não haver contato com os possíveis doentes demos preferência aos termômetros com sensores infravermelhos, que possuem a capacidade de medir a temperatura a distância. Essa notável tecnologia foi desenvolvida a pedido da Nasa (agência aeroespacial americana) para medir a temperatura das estrelas e planetas. Só depois foi adaptada para a medicina e hoje se tornou de uso acessível.

Houve outros momentos recentes em que o termômetro à distância teve também seu brilho. Foi durante a epidemia do vírus Ebola que tinha altíssima transmissibilidade, e na gripe suína. O ápice do Ebola ocorreu em 2014 com letalidade, e pasmem, chegava a 60% de óbitos. Já a gripe suína foi rebatizada para gripe A/H1N1 e foi a primeira emergência de Saúde Pública do século XXI declarada como pandemia pela Organização Mundial de Saúde. Nessa época, vimos as primeiras medidas de triagem de doentes por meio de sensores de temperatura instalados nos aeroportos ou outros locais de afluxo de viajantes. Pandemias são tão impactantes que a história do século passado relata que, ao final da Primeira Guerra Mundial, o acordo de paz previa que a Bayer renunciasse à patente do Ácido Acetilsalicílico para beneficiar as vítimas da Gripe Espanhola, pandemia que atingiu todo o mundo de 1918 a 1919. Pois, foi o primeiro antitérmico sintético existente, aprovado depois de teste e validado após estudo com um único paciente!

Mas por que a temperatura corporal se eleva no ser humano? A febre é uma das estratégias do corpo para aumentar suas defesas. Vários germes morrem à medida que a temperatura se eleva. Em certas circunstâncias, por exemplo na meningite causada por *N. meningitides* ou na pneumonia causada por *S. pneumoniae*, o prognóstico é melhor nos pacientes que mantiveram suas temperaturas em 38,4°C ou 39,4°C respectivamente. Claro que a febre alta causa grande desconforto que deve ser cuidado. A febre leva a desidratação, torna o sangue mais viscoso (grosso) bem como mais numerosas e ativas as plaquetas que participam da coagulação do sangue, podendo levar a trombose (entupimento de algum vaso sanguíneo). Antes da era moderna dos antibióticos já se usou a Malária, que sabidamente causa febre, para tratar a Sífilis. Nos episódios de febre alta, a bactéria *Treponema pallidum* causadora da Sífilis morria. Então se medicava a Malária para a qual já havia o tratamento. Essa ideia rendeu o prêmio Nobel de Fisiologia e Medicina em 1927 ao seu proponente Julius Wagner-Jauregg.

Mesmo nos animais, a possibilidade de adoecerem ou serem suscetíveis a certos germes tem uma correlação direta com sua temperatura corporal habitual. Na pandemia de Covid-19, muitos gatos adquiriram também a doença de seus donos. A temperatura normal dos gatos varia de 37,7°C a 39,1°C. Os cachorros são menos susceptíveis. Sua temperatura varia entre 37,8°C a 39,2°C. Já os porcos, galinhas e patos, cuja temperatura varia de 39°C a 42°C praticamente não adoecem de Covid. Criatórios de visom (um mamífero conhecido no mundo da moda, e por serem defendidos pelos ativistas protetores dos animais), na Europa, tiveram muitas baixas, pois sua temperatura entre 36,2°C a 38,4°C, muito semelhante aos humanos, os tornaram também vítimas do Covid-19. Ah!! E a do morcego? Sua temperatura média é de 36,4°C (varia de 34°C a 38°C), parecida com a nossa.

A média da temperatura dos homens é 36,1°C variando para mais ou para menos 0,4°C; das mulheres é 36,4°C ± 0,4°C na pré-menopausa, e 36,3°C na pós-menopausa. Há uma tendência de pertencimento ao patamar superior de elevação de acordo com o aumento de peso corporal tanto para os homens quanto para as mulheres pós-menopausa. A baixa do estrógeno depois da menopausa é uma das hipóteses para a sensação de calor desse período. Sua falta reduz a atividade dos nervos que controlam a vasodilatação na pele, e, portanto, a dissipação do calor, originando as sensações de ondas quentes. Para se ter uma ideia da importância desse mecanismo, a circulação de sangue na pele pode variar em até dez mil vezes quando se compara a vasoconstrição (palidez) com a vasodilatação (ficar vermelha) sendo um dos pilares do controle da temperatura juntamente a sudorese e o tremor.

Habitualmente, a parte superior do corpo principalmente os braços e mãos das pessoas funcionam como um radiador de automóvel. À noite eles esquentam para dissipar o calor, e esfriar o corpo que precisa estar a uma temperatura menor. Considera-se ainda que a temperatura corporal pode variar de 0,5°C a 1°C de acordo com a hora do dia, sendo menor na madrugada por volta das três horas.

Mas a temperatura elevada não significa sempre infecção. Há muitas outras situações em que ocorrem a elevação da temperatura corporal. Por exemplo, metade dos pacientes que sofrem Derrame Cerebral (Acidente Vascular Encefálico) pode apresentar febre, inclusive isso significa um pior prognóstico. Durante uma maratona, a temperatura de um corredor se eleva, altera-se também em trabalhadores que fazem rodízio de turno, no pós-operatório a temperatura pode se elevar um pouco como resultado da resposta inflamatória do corpo à uma intervenção, um ambiente muito quente pode fazer nossa temperatura se elevar, principalmente em diabéticos ou hipertensos. E até a falta de força gravitacional pode fazer a temperatura de um astronauta subir para 38°C nas primeiras semanas da viagem, estacionando neste parâmetro elevado, e chegar a 40°C durante um exercício de condicionamento, por várias razões. Isso é preocupante, pois uma temperatura cronicamente elevada altera a longevidade ao alterar o sangue, as enzimas e neurotransmissores do nosso corpo. Ainda, apenas 1°C de elevação da temperatura corporal faz o corpo consumir 20% a mais de energia para se manter. Pode ocorrer também um índice maior de problemas circulatórios, pressão arterial alta, ataques cardíacos, e o cérebro pode não funcionar perfeitamente. Imagine ter que pensar de forma brilhante e tomar decisões complexas se a pessoa não está bem! Pilotando uma nave espacial!!!?

Magal está certo ao cantar "o meu sangue ferve por você" na composição "Sandra Rosa Madalena, a Cigana", de Livi/Cidras, de 1978. É fato científico que a temperatura das "partes" se eleva. É ciência também que os lábios de uma mulher não interessada se esfriam. Sobrepõe-se a isso o acelerar de inquietação de nosso coração quando a temperatura dos que amamos se altera, pois nos assombra o medo de perdê-los. Estes, sim, são nossas verdadeiras estrelas.

Referências

Hosie MJ, Hofmann-Lehmann R, Hartmann K, Egberink H, Truyen U, Addie DD, et al. Anthropogenic Infection of Cats during the 2020 COVID-19 pandemic. Viruses. 2021 Jan 26; 13(2): 1-3. [acesso em 2023 nov 13]. Disponível em: https://mdpi-res.com/d_attachment/viruses/viruses-13-00185/article_deploy/viruses-13-00185-v3.pdf?version=1611899160.

Kenny GP, Sigal RJ, McGinn R. Body temperature regulation in diabetes. Temperature (Austin). 2016 Jan 4; 3(1): 119-45.

Nakajima Y. Controversies in the temperature management of critically ill patients. J Anesth. 2016 Oct; 30(5): 873-83.

4

O delicado equilíbrio da natureza

Compreender como tudo e todos estão interligados no planeta, que de fato somos apenas parte dele, é um exercício de humildade e autoconhecimento. Sentir na pele (e no bolso) as interligações do nosso mundo estão na pauta do dia. Estamos a todo momento a observar e examinar para tentar entender o caminhar das coisas, tal como poetizou Gilberto Gil quando canta "Quanta": "teoria em grego quer dizer o ser em contemplação". Depois de alguns momentos de reflexão seguir-se-ão atitudes e decisões baseadas em nossas interpretações. Que sejam sempre iluminadas!

Não é de hoje que escutamos que a temperatura do planeta aumentou 1,1° C desde a Era pré-industrial iniciada no século XIX. Atualmente, satélites meteorológicos são capazes de detectar se a temperatura das águas dos oceanos estão também se alterando. Parece que tudo vai bem enquanto a temperatura da água fica até 19° C. Quando chega a 20° C uma epidemia de cólera é previsível. Isso ocorre porque é nesta temperatura que a bactéria ativa seu fator de virulência, e atinge a sua cadeia alimentar formada por ovos de insetos, crustáceos do zooplâncton e peixes. A cólera é uma infecção intestinal causada pela ingestão de alimentos ou água contaminada pela bactéria *Vibrio cholerae* que atinge cinco milhões de pessoas no mundo anualmente. Destas, mais de 100 mil morrem devido à diarreia intensa. Um paciente chega a perder 40 litros de fluidos corporais em uma semana, apesar do tratamento de reposição, e antibióticos. Ostras, mariscos, e mexilhões contaminados são os alimentos com os quais se deve ter o máximo de cuidado ao serem consumidos frescos ou malpassados. De cada dez pessoas, apenas uma tem a forma grave da doença, estando em maior perigo os conhecidos portadores de comorbidades, como os diabéticos, e os imunossuprimidos.

Além dos satélites, há outros dispositivos modernos para mensurar a temperatura dos seres humanos que estão sob risco de hipertermia, isto é, elevação de sua temperatura durante alguma atividade. Acima de 38,5 ° C pode ser nocivo para a saúde, colocando em risco a vida. Nessa linha de preocupação, estão os atletas do Triathlon *Ironman*. A competição envolve nadar 3,8 km, pedalar 180 km, e finalmente correr 42,195 km. E sabemos que as condições ambientais são fatores agravantes, como a temperatura e a umidade. Por isso, os cientistas desenvolveram termômetros em forma de pílulas e que transmitem as informações por telemetria para serem estudadas e monitoradas. Habitualmente, um atleta bem treinado começa a competição com uma temperatura corporal em média de 36,62° C ± 0,17° C, e no final atinge em média 38,55° C ± 0,64° C. Aqueles que não voltam à temperatura normal depois de 60 minutos do término da competição devem receber cuidados especializados para resfriamento.

Os primeiros estudos científicos sobre a temperatura em mamíferos se iniciaram no século XIX, e os coelhos eram os animais escolhidos pois sua temperatura varia de 2° C a 4° C, parecida com os humanos, que apresentam uma variação de 3° C entre a saúde e a doença. Mas os estudos tinham resultados muito diferentes entre diferentes equipes de pesquisadores. Tudo mudou a partir da década de 1980, quando ratos transgênicos foram padronizados, salas com temperatura controlada, e principalmente o uso da radiotelemetria para informar a temperatura a distância, sem tocar nos animais. Essa tecnologia foi originalmente desenvolvida para localizar submarinos militares e trouxe grandes avanços para a Ciência. Imagina o estresse animal ao receber o termômetro anal nos horários pré-estabelecidos pelos protocolos. Até que ponto o estresse gerado não causaria também alterações nos resultados? Só então, a partir dessa época, as pesquisas realizadas em diferentes países, mas usando animais e condições semelhantes, puderam se desenvolver, e contribuir decisivamente com seus resultados colaborativos.

Um dos resultados do avanço do conhecimento da temperatura é saber que provocar sua diminuição pode ajudar na estratégia de tratamento de várias doenças. Causar hipotermia nas primeiras 24 h, isto é, abaixar a temperatura de um paciente para 32° C a 34° C pode melhorar a recuperação neurológica, e aumentar a sobrevida em pacientes que entraram em coma após uma parada cardíaca em certas condições. A hipotermia terapêutica também pode ser útil ao dar melhor prognóstico para o desenvolvimento neurológico de recém-nascidos, para os quais se evidenciou falta de oxigênio já seis horas antes do nascimento. Os efeitos benéficos da hipotermia ocorrem devido a vários mecanismos conhecidos. Pois, sabe-se que o frio reduz o metabolismo cerebral, o que faz demandar menor quantidade de sangue para nutri-lo, diminui a pressão intracraniana, diminui o inchaço cerebral ao alterar para menor a permeabilidade dos tecidos celulares, reduz a produção de uma dezena de fatores inflamatórios e radicais livres tóxicos, dentre outros. Interessante aspecto relevante é o aumento de 43% de sensibilidade à insulina em pacientes diabéticos residentes em regiões frias quando se expõem habitualmente à temperatura de 10° C no ambiente externo em suas atividades.

Já o excesso de calor ambiente pode comprometer a saúde das pessoas com fragilidade levando à desidratação. Esta, por sua vez, pode elevar a viscosidade do sangue (ficar mais "grosso"), aumentando as chances de trombose cerebral (derrame) e coronária (infarto). Durante uma grande onda de calor a taxa de hospitalização e morte de diabéticos chega a aumentar 56%. Dentre as razões da causa desse fenômeno está a constatação de que eles não conseguem suar de forma habitual, o que compromete em 54% esse importante mecanismo de resfriamento do corpo. Observa-se ainda que após 60 minutos de exercício, a taxa de retorno à temperatura de repouso demora o dobro de um paciente saudável. Outro aspecto é que quando um dos exames laboratoriais chamado hemoglobina glicosilada (HbA1c) está cronicamente elevado em 8,5%, ocorre dano ao sistema de controle da abertura das veias da pele com o objetivo de perda de calor. Essa estratégia está também prejudicada nos idosos. Assim, procurar a sombra e manter uma hidratação constante são fatores imprescindíveis.

Mas há momentos de felicidade e cultivo da família que a variação da temperatura é celebrada. No acompanhamento da fecundidade, a mulher pode medir diariamente sua temperatura. A qualquer momento, na proximidade do 14.° dia do ciclo menstrual, imediatamente antes da ovulação a temperatura basal cai 0,3° C; e logo após ela sobe cerca de 0,3° C a 0,5° C. Do lado masculino, a produção de esperma precisa de 3° C a menos que a do corpo para ser eficiente. Por isso, a bolsa que contém os testículos fica relaxada no calor e retraída no frio. O ciclo da vida continua...

E nossas responsabilidades com quem amamos não cessam nunca, pois a máxima "tu deviens responsable pour toujours de ce que tu as apprivoisé", do clássico da literatura mundial *Le petit prince* (em português "O pequeno príncipe"), "tu te tornas eternamente responsável por aquilo que cativas", é de um calor cujo fogo não se apaga.

Referências

Bastardot F, Marques-Vidal P, Vollenweider P. Association of body temperature with obesity. The CoLaus study. Int J Obes (Lond). 2019 May; 43(5): 1026-33.

Pultarova T. Space fever in astronauts could jeopardize landing on Mars. New York. 2018 Jan 18. [acesso em 2023 nov 13]. Disponível em: https://www.space.com/39397-space-fever-astronauts-long-mars-journey.html.

Sessler DI. Temperature monitoring and perioperative thermoregulation. Anesthesiology. 2008 Aug; 109(2): 318-38.

5

Segredos para a longevidade – o elo perdido

O século XX foi considerado o centenário sem precedente do crescimento populacional. Propiciou a construção de cidades e o desenvolvimento de uma sociedade complexa que é um marco da nossa civilização. Já, no século XXI, a população do planeta experimenta o fenômeno do envelhecimento. De 2000 a 2016, observou-se um aumento de 5,5 anos na expectativa de vida no mundo inteiro. Estima-se que essa tendência fará que em 2030 seja 1,4 bilhão, e em 2050 no mínimo dois bilhões de pessoas acima de 60 anos de idade.

Mas o que é o envelhecimento? Por que envelhecemos? Quais os segredos para se manter saudável e longevo? Essas perguntas inquietam nossa mente principalmente quando ficamos doentes ou tememos deixar sem nossa proteção aqueles que amamos.

Nós envelhecemos principalmente porque nossas células vão perdendo as habilidades de se livrar do lixo biológico acumulado em seu interior. Também, certos componentes das células que funcionam como sua usina geradora de energia e vida (as mitocôndrias), passam a não funcionar corretamente. Assim, o corpo não consegue produzir componentes novos com quantidade, qualidade e função como antes. Esse processo de renovação conduzido pelo corpo é chamado de autofagia.

Como ela funciona pode trazer tantas consequências para o entendimento do processo de senescência, que valeu ao cientista Yoshinori Ohsumi o prêmio Nobel de Fisiologia e Medicina em 2016. Como tudo que ocorre no metabolismo é regulado por genes, sabemos que eles podem estar mais ou menos ativos e serem influenciados. Conhecer esses vários condicionantes pode ser um segredo valioso. Alguns fatores sabidamente estimulam a renovação celular pelo método da autofagia. Eles são: o jejum intermitente, a restrição calórica, a atividade física e o número de horas adequado de sono reparador. Assim, sabiamente, podemos ajudar nosso corpo a prolongar sua existência saudável.

As doenças que mais sofrerão impacto com as novas descobertas são o câncer, a obesidade, o tratamento das infecções, as doenças inflamatórias, neurodegenerativas, metabólicas e cardiovasculares. Justamente neste grupo estão as que mais matam: as cardiovasculares e o câncer.

É interessante notar o assunto jejum e seus benefícios aparecerem de volta em pesquisas recentes sobre a longevidade. A descoberta de sinalizadores silenciosos da longevidade chamados sirtuínas (do inglês *silent information regulator 2*) despertou a esperança de ter se encontrado o elo perdido que controla o envelhecimento, pois ela age em todos os órgãos. Assim, faz sim sentido seguir a bíblica, ou toraica, ou corânica, ou a atual *científica* recomendação de jejuar para otimizar o estado de saúde. Há evidência científica suficiente para dizer que o jejum ajuda a controlar o peso corporal, os níveis e a sensibilidade à insulina, a pressão arterial, as inflamações, a domar o apetite, e a diminuir o colesterol. É importante salientar que jejuar não é passar fome, a hidratação é preservada, há diversas técnicas que precisam ser bem conhecidas, e que precisa seguir também recomendações médicas específicas. Por exemplo, ainda não está recomendado de forma inequívoca para pacientes diabéticos dependentes de insulina ou não, que perfazem 10% da população. Eles só podem realizá-lo se indicado ou sob supervisão de seus médicos, pois não faz parte do protocolo habitual de recomendações.

Em relação à restrição calórica, isto é, à dieta, é comum ver que as pessoas não conseguem alimentar o seu corpo com as necessidades alimentares pertinentes. O consumo além do que se precisa, sem os nutrientes adequados, em uma frequência e horários errados, que contribuem para o surgimento da obesidade. Ela por sua vez está ligada ao surgimento do diabetes, doenças cardíacas, acidente vascular encefálico (derrame) e alguns tipos de câncer.

Por sua vez, a atividade física queima a gordura do músculo esquelético e promove uma miríade de adaptações metabólicas que resultam em benefícios para todos os sistemas corporais, seja cardiovascular, neurológico e outros. A recomendação é que se deve caminhar no mínimo um quilômetro diariamente. Pessoas que têm vida ativa apresentam um risco 22% diminuído de mortalidade em comparação aos sedentários. Quem se exercita tem ainda melhor qualidade de sono, menor ritmo de perda dos neurônios em decorrência da idade, e por isso melhor performance cognitiva. Depois da atividade física, o corpo deve receber imediatamente de recompensa a ingestão de proteínas. Elas serão usadas para nutrir suas necessidades dos gastos efetuados, e melhor ainda, ter os elementos para construir um pouco mais de músculo, em preparo para a próxima demanda, pois ele age inteligentemente. Para cada idade, as escolhas certas devem ser feitas e orientadas pelo seu médico ou nutricionista.

Já o contexto do sono é uma interação que envolve múltiplos fatores. Depressão, autoconhecimento, otimismo e interação social contribuem para sua boa ou má qualidade. Há também fatores como genética, uso de medicamentos, comportamentais como uso de drogas, ou outros que são difíceis de controlar. Cultivar pensamentos positivos, fazer dieta mental, semear a paz e vinculações positivas ajudam muito. A recomendação para um adulto saudável é dormir entre sete e nove horas por noite, e oferecer oito horas para os acima de 65 anos, conforme o corpo pedir.

Os laços emocionais possuem um diálogo íntimo com cada uma de nossas células. Estar conectado com outras pessoas é uma experiência humana imprescindível. Além disso, os sentimentos e pensamentos que nutrimos contribuem para a vontade de viver de nossas células! Isso faz toda diferença. Um estudo retrospectivo da vida de quase uma centena de famosos psicólogos conhecidos, já falecidos, demonstrou que aqueles que se expressavam com palavras de positividade viveram mais tempo. Estar infeliz é uma ameaça à vida. A migração forçada de milhões de pessoas devido a uma guerra ou viver em campos de refugiados faz a prevalência de doenças físicas, mentais e morte nesse grupo serem mais elevadas. Homens e mulheres casados entre 65 e 85 anos vivem cerca de 2,2 anos e 1,5 ano a mais, em comparação aos solteiros. Trabalhar muito não afeta a longevidade, se há amor e satisfação imediata pelo que se faz. Por sua vez, o trabalho forçado, sem prazer conduz ao adoecimento e morte precoce.

Toda a sociedade se beneficia de um indivíduo saudável e feliz, pois é um cidadão mais produtivo, capaz de participar da sociedade com equilíbrio e satisfação. O valor da felicidade e sua conectividade com a longevidade é bem íntimo de todos nós. Mantenhamos acesos nosso entusiasmo, nossa vocação, nosso "ikigai" (missão) para ao menos nos igualarmos aos milhares de centenários da ilha de Okinawa (no Japão) que assim vivem e ensinam. Não é sem causa o grande sucesso musical "Longevidade" de Felipe Araújo que canta "pra gente viver se amando em paz".

Referências

Jia H, Lubetkin EI. Life expectancy and active life expectancy by marital status among older U.S. adults: results from the U.S. Medicare Health Outcome Survey (HOS). SSM Popul Health. 2020 Aug 15; 12: 100642.

Min S, Masanovic B, Bu T, Matic RM, Vasiljevic I, Vukotic M, et al. The association between regular physical exercise, sleep patterns, fasting, and autophagy for healthy longevity and well-being: a narrative review. Front Psychol. 2021 Dec 2; 12: 803421.

Watroba M, Szukiewicz D. Sirtuins at the service of healthy longevity. Front Physiol. 2021 Nov 25; 12: 724506.

6

Cuidados da saúde do adolescente

Vemos nossas crianças se tornarem adultos dos 12 aos 18 anos. São anos críticos, pois carregam muitos desafios, quer sejam físicos, sociais e principalmente emocionais. Também várias são as condições de perigo à saúde que afetam essa faixa etária. Estando cônscios de sua existência estaremos mais preparados para enfrentá-las.

Há algumas situações bem conhecidas, e outras nem tanto. Existem circunstâncias características desse período. Por exemplo, é na adolescência o período que o nariz mais cresce. Por coincidência, dadas as dificuldades do início de intensa experimentação social, proporcionalmente, em relação às crianças ou aos adultos, os adolescentes apresentam a maior incidência de fraturas do nariz. Trinta por cento ocorrem por violência, trinta por cento por trauma nos esportes e 15% por quedas. Não é difícil adivinhar que em 90% dos casos os meninos são os mais afetados. O vetor de força é duas vezes mais comum lateral do que frontal. A lesão do septo nasal causada, muitas vezes é negligenciada, o que pode trazer consequências a médio prazo, pois se sua cartilagem de crescimento for lesada e não tratada corretamente, pode haver modificação do aspecto da face e do crescimento harmônico remanescente. Assim, o diagnóstico preciso dessa lesão é muito importante, pois o nariz só termina seu crescimento aos 25 anos de idade.

Os adolescentes também apresentam 12% das fraturas esqueléticas na faixa etária de zero e 18 anos, numa proporção de seis meninos para uma menina. Em 3% dos casos, um nervo pode ser machucado durante a lesão, sendo o nervo radial no braço o mais atingido. Em 10% dos casos, há mais de uma fratura ao mesmo tempo que deve também ser identificada. De forma geral, as regiões mais fraturadas são o braço (próximo ao cotovelo), e o punho. De cada 20 fraturas que envolvem as cartilagens de crescimento do punho, uma poderá ter problemas em seu desenvolvimento, o que pode originar uma deformidade, ou parada de crescimento do osso em 4% dos casos. A presença de um adulto a monitorar é determinante para se evitar atos de alto risco, ou intermediar os conflitos, caso eles ocorram.

O aprendizado para aprimorar as habilidades para conviver, e superar as situações estressantes terão de ser incrementados nessa etapa. Raiva, frustração, sentimento de hostilidade nas eventuais experimentações de quebras de regras comportamentais, configuram um mundo inteiramente novo de vivências. Novas sensações oscilantes de confiança relativa, transparência, fuga, ou liberdade de autonomia em relação aos genitores são lugar comum. Durante a infância e fase inicial da adolescência, a família e escola são as principais fontes de relacionamento social. Entretanto, à medida que se avança na adolescência, os amigos se tornam a maior fonte de socialização, à medida que mais tempo de convivência é passado distante da família. A presença, o exemplo, e supervisão próxima dos pais pode ter fator protetor fundamental para se evitar a oportunidade de experimentação de drogas, mesmo as mais comuns, como álcool, cigarro, cigarro eletrônico, e maconha. A prevalência de uso imoderado de álcool na vida adulta é de 40% nos que o experimentaram e utilizaram a partir dos 12 anos de idade, comparados com 17% se o início foi aos 18 anos, e 11% aos 21 anos. Um estudo de adicção ao álcool, de gêmeos de 11 a 19 anos, demonstrou que fatores de interação social têm uma força de 65%, enquanto a predisposição genética de 26%. Isso reforça a importância do contexto de vida, relacionamentos, e valores culturais.

Outro aspecto que não se pode negligenciar na adolescência é a idade de início da vida sexual. Segundo a Organização Mundial da Saúde, sexo antes dos 15 anos de idade é fator de risco: comportamental com tendência a múltiplos parceiros, frequentemente é sem proteção e daí aumenta a incidência de doenças sexualmente transmissíveis, gravidez não planejada, problemas para se atingir o orgasmo na vida adulta, depressão e baixa autoestima. Valores familiares, culturais, religiosos, e sociais têm papel importante nas atitudes, com pesos diferentes para os gêneros. Quando se escuta o coro de milhares de jovens embalados por Felipe Araújo em "Espaçosa Demais": "tem mais gente no meu coração, mamãe tá num cantinho, papai apertadinho, tem amigo indo parar lá no pulmão..." se toma conhecimento da dimensão atual desse fenômeno. Em nós, pais, nunca se apaga a esperança da frutificação da boa semente plantada.

Referências

Khoriati AA, Jones C, Gelfer Y, Trompeter A. The management of paediatric diaphyseal femoral fractures: a modern approach. Strategies Trauma Limb Reconstr. 2016 Aug; 11(2): 87-97.

Liu C, Legocki AT, Mader NS, Scott AR. Nasal fractures in children and adolescents: Mechanisms of injury and efficacy of closed reduction. Int J Pediatr Otorhinolaryngol. 2015 Dec; 79(12): 2238-42.

Min S, Masanovic B, Bu T, Matic RM, Vasiljevic I, Vukotic M, et al. The Association between regular physical exercise, sleep patterns, fasting, and autophagy for healthy longevity and well-Being: a narrative review. Front Psychol. 2021 Dec 2; 12: 803421.

7

Uma Medicina para o homem e outra para a mulher?

Sim. No caminhar para a compreensão personalizada de cada paciente, a medicina tem acumulado uma enorme gama de conhecimentos que diferenciam as respostas aos mais diversos tratamentos e susceptibilidades para o desenvolvimento de doenças com uma ótica diferente para o homem e para a mulher. Não se está a discutir aqui o papel social das pessoas, o que se chama de gênero, que pertence ainda a um outro escopo da Ciência. Mas a correlação dos mais diferentes acontecimentos com o sexo de nossa concepção.

Algumas sociedades de especialidades já saíram na frente com os novos conceitos, como a Cardiologia, com protocolos de certos medicamentos (antiarrítmicos) com sugestões para os diferentes sexos. Outro grande avanço ocorrido foi reconhecer que a falta de representação no eletrocardiograma de um certo traçado (supra desnivelamento de ST) não seria critério suficiente para afastar um infarto do miocárdio feminino. Só isso pôde reduzir a mortalidade feminina pela metade.

Essas e outras descobertas estonteantes levaram o FDA (órgão americano) em 2015 a orientar novos modelos de estudos para saber se as conclusões de um trabalho científico são válidas igualmente para homens e para mulheres.

Descobriu-se que os instrumentos de investigação não tinham sido preparados para isso. Estima-se que pelo menos metade do que sabemos hoje poderá ser reformulado. Não se dava muita importância a esse aspecto. Para efeito comparativo, em 1970, em estudos de prevenção cardiovascular, somente 9% dos participantes eram mulheres. Em 2006, essa cifra já tinha alcançado 41%. Imagina o que há para rever a partir da constatação de que a maioria dos estudos que envolveram ratos de laboratórios foram realizados em quase sua maioria com machos.

A representatividade na pesquisa igualmente dos dois sexos é importante porque a moldagem de nosso sistema imunológico é determinada por fatores externos e internos desde nossa vida intrauterina. Os genes que codificam certos cromossomas ligados ao sexo governam nossa imunidade diretamente, ou via nossa microbiota (bactérias que habitam normalmente em nós). A natureza e a força da resposta imune específica dos sexos fazem com que a prevalência, as manifestações, e as respostas às doenças autoimunes, aos politraumatismos, aos cânceres, e infecções – sejam elas causadas por bactérias, vírus ou parasitárias – tenham padrão próprio.

Por exemplo, nas ocorrências graves em que o traumatismo leva a enorme perda de sangue (choque hipovolêmico) tem sido demonstrado que a presença dos hormônios esteroides femininos contribuem para um melhor êxito. Há ainda menor mortalidade, pois conferem imunoproteção, quando comparados aos andrógenos masculinos, que ao contrário, levam a piora do *status* imune em circunstâncias semelhantes. Os homens são também mais suscetíveis a infecções parasitárias como a leishmaniose (60 mil óbitos por ano no mundo), as amebíases – que podem causar diarreia e outros sintomas (mais de 150 mil casos por ano no Brasil), as helmintíases (820 milhões de casos no mundo) cujos exemplos comuns dentre outros são as áscaris (lombriga) e a esquistossomose (sete milhões de infectados só no Brasil). Os homens são também mais suscetíveis a tuberculose, cuja incidência é de 70 mil novos casos e 4.500 óbitos por ano no Brasil, e espantosos 6,7 milhões de novos casos no mundo.

Em relação aos vírus, as mulheres idosas apresentam uma melhor resposta à vacina contra a influenza (gripe) do que os homens. Os homens acima de 30 anos também têm 1,7 vezes maior chance de morrer de Covid-19, e quanto mais velhos, mais vulneráveis. Quando infectadas pelo vírus da imunodeficiência humana (HIV), as mulheres têm menos vírus circulantes na fase aguda da infecção, e são capazes de produzir respostas antivirais mais potentes do que os homens. Isso ocorre porque conseguem produzir em maior quantidade uma proteína protetora chamada interferonalfa.

Até o exercício físico tem seu melhor horário para beneficiar homens e mulheres, segundo alguns estudos. As mulheres queimam mais gordura corporal se fazem as atividades pela manhã, e os homens à noite. Isso se deve às diferenças dos hormônios, relógios biológicos e ciclos de sono. Mas essa informação não pode ser usada para tirar o estímulo de ninguém, pois sabemos da dificuldade de se conquistar um horário para se cuidar, e que o mais importante é fazer o exercício no horário que se encaixa na própria agenda, pois propicia uma miríade de benefícios para a saúde.

Com mais informações pertinentes, os médicos poderão tomar melhores decisões ao escolher a melhor conduta e o remédio mais adequado para cada caso. Contribuir para a qualidade vida é um dos esteios da Medicina, pois não se pode dissociar a simples existência do ser feliz. Todos os profissionais de Saúde têm a contribuir para que cada um alcance o segredo de sua vida. Na composição "Homens e Mulheres" cantada por Ana Carolina e Angela Ro Ro tudo fica muito claro: "Mulheres que acordam cedo, Homens que guardam as datas, Mulheres que não sentem medo". *Carpe diem.*

Referências

Garcia-Sifuentes Y, Maney DL. Reporting and misreporting of sex differences in the biological sciences. Elife. 2021 Nov 2; 10: e70817.

Rubinow DR, Schmidt PJ. Sex differences and the neurobiology of affective disorders. Neuropsychopharmacology. 2019 Jan; 44(1): 111-28.

Takahashi T, Iwasaki, A. Sex differences in immune responses. Science. 2021 Jan 22; 371(6527): 347-8.

8

A casa do sorriso

Há a constatação de que a saúde oral, o cuidado das doenças que ali ocorrem e sua correlação com a saúde como um todo necessita cada vez mais de conscientização. As alterações na saúde cardiovascular, neurodegenerativa, musculoesquelética, respiratória, incidência de recém-nascidos de baixo peso, e controle do diabetes têm impactos que podem ser prevenidos.

Frequentemente pode-se observar na boca o primeiro sinal de adoecimento de uma condição sistêmica. A doença periodontal – inflamação da gengiva e todas as outras estruturas que circundam o dente – pode ser o primeiro sinal do Diabetes, da Leucemia e algumas enfermidades reumáticas. Estima-se ainda que cuidados orais ótimos podem diminuir em 14% os eventos cardíacos. Sabe-se que arritmias e infarto do miocárdio em pacientes com menos de 60 anos ocorrem em concomitância a condições orais precárias. Observa-se que esses adoecimentos compartilham fatores causais comuns: sedentarismo, tabagismo, higiene oral ruim, obesidade e o próprio envelhecimento.

A saliva, tanto em qualidade e quantidade, tem um papel fundamental na saúde oral. O tabagismo é capaz de alterar para menor o fluxo salivar, além de modificar as propriedades e composição da saliva. Na obesidade, ocorrem modificações na microflora da cavidade oral e nas glândulas salivares. Por sua vez essas mudanças levam a uma diminuição do pH da saliva que favorece a multiplicação bacteriana, e interfere em toda a cadeia de eventos, como a possibilidade de inflamação da gengiva e índice de cáries, para citar os mais frequentes. A aquisição de hábitos de vida saudáveis agregada a uma higienização oral correta pode ser capaz de restabelecer o pH da saliva depois de três meses de sua iniciação. Vê-se que o poder da mudança está em nossas mãos.

A percepção de que a boa saúde oral é consoante com a higidez de todo o corpo é cada vez mais sedimentada na medida que mais e mais todos os profissionais de saúde participam desse processo. Por exemplo, possuir mais de 20 dentes aos 70 anos tem alta correlação com a longevidade, é prova de boa saúde, e de um histórico de cuidados na vida pregressa. Noventa por cento dos adultos acima de 35 anos tem algum problema odontológico gengival, trinta por cento com inflamações que demandam cuidados especializados dos quais um terço já está grave.

É quase uma surpresa ao se constatar que cerca da metade de atletas olímpicos estudados ao longo das últimas décadas, um grupo seleto de pessoas com a saúde aparentemente espetacular, tinha problemas odontológicos. Nas olimpíadas de Londres de 2012, 30% das demandas de saúde eram odontológicas, só perdendo para as solicitações de avaliação ortopédica. Em uma publicação em uma revista científica de Medicina do Esporte sobre uma equipe de elite europeia constatou-se que metade dos atletas demandavam tratamento odontológico imediato. Nosso país detém o título de nação com maior número de dentistas no mundo, segundo o Conselho Federal de Odontologia. Entretanto, estatísticas apontam que 40% da população de baixa renda têm dificuldade de acesso ao tratamento odontológico.

A higiene oral e da língua é importante ainda em pacientes internados ou submetidos a operações, pois podem ser fonte de pneumonia ou febre. Uma pesquisa que investigou pacientes internados para serem submetidos a artroplastias do quadril ou do joelho encontrou 3% de portadores de um abscesso dentário. O tratamento odontológico tem prioridade em relação ao plano do procedimento proposto, pois qualquer risco de infecção por bacteremia (bactérias no sangue) pode colocar em perigo o sucesso da operação, que é programada (eletiva), e até probabilidade de morte em caso de outras complicações.

A beleza do sorriso é celebrada desde que nascemos. É uma festa o aparecimento do primeiro dente por volta dos seis meses de vida! E segue assim. Durante toda a vida o sorriso é um convite para aproximação, recepção afetiva, e principalmente no amor. Quando escutamos o estrondoso sucesso "Contramão", composição de Dennys Ricardo e Gustavo Mioto, cantado por esse último, compreendemos a força desse encanto: "Não quero ser precipitado/Muito menos te assustar/Mas é nesse teu sorriso/Que o meu beijo quer morar".

Referências

Gallagher J, Ashley P, Petrie A, Needleman I. Oral health and performance impacts in elite and professional athletes. Community Dent Oral Epidemiol. 2018 Dec; 46(6): 563-8.

Gualtierotti R, Marzano AV, Spadari F, Cugno M. Main oral manifestations in immune-mediated and inflammatory rheumatic diseases. J Clin Med. 2018 Dec 18; 8(1): 21. [acesso em 2023 nov 13]. Disponível em: https://www.mdpi.com/2077-0383/8/1/21.

Roa I, Del Sol M. Obesity, salivary glands and oral pathology. Colomb Med (Cali). 2018 Dec 30; 49(4): 280-7.

9

Por onde anda Watson?

O avanço da infraestrutura digital dos hospitais, que inclui a captação de milhares de dados, não só médicos em seus mínimos detalhes, mas de toda a complexidade da cadeia da assistência à Saúde tem desenhado um mundo com novas perspectivas para o aprimoramento dos cuidados.

A ideia de ter auxílio de computadores para que sua inteligência artificial auxiliasse na análise de dados é da década de 1950. O que é novo é a maturidade dos sistemas atuais, capazes de compreender e analisar todas as informações disponíveis, sejam elas os dados epidemiológicos, como sexo, gênero, idade, naturalidade, residência, etnia, peso, altura, alergias conhecidas, a medição dos parâmetros vitais, resultados dos exames laboratoriais, imagens de todos os tipos, resultados de anatomopatológicos, traçados de exames gráficos – para citar os mais comuns, eletrocardio, eletroencefalo, eletroneuromiografia – bem como a análise do genoma da pessoa, quando disponível. Agrega-se ainda a quantidade enorme de informações suplementares, quando sistemas individuais de aferições, os chamados *wearables*, na forma, por exemplo, de relógios inteligentes, oferecem a leitura dos dados vitais de um longo período, e as oportunidades proporcionadas com os novos aplicativos de celulares para todos os fins.

Já é rotina na admissão hospitalar a entrevista na qual se pergunta se existe alergia conhecida a algum medicamento, e outros dados básicos da história clínica, como diabetes, hipertensão arterial, peso, altura etc. Aqueles medicamentos listados como proibidos são bloqueados automaticamente para não serem liberados pela farmácia hospitalar indevidamente. Se durante uma prescrição, ele for inserido, aparecerão avisos eletrônicos, levando a correção ou averiguação dos dados compilados. Outra rotina comum é a sinalização do paciente com bandeiras de diferentes cores assim que o sistema detecta que certos exames deram alterados de acordo com certos padrões pré-estabelecidos. No mesmo instante que o laboratório processa o exame alterado, já sinaliza imediatamente ao profissional de Saúde antes mesmo que ele veja os resultados.

Uma pesquisa conjunta das Sociedades Americana, Europeia e Asiática foi realizada nos cinco continentes sobre o *status* atual dos estudos sobre infecção depois de artroplastias. Essa operação consiste na troca de uma articulação doente por implantes artificiais, sendo as mais comuns de quadril e joelho. Uma complicação infecciosa depois desse tipo de procedimento é um problema devastador que impacta a vida dos pacientes e leva a alto custo de internação. Detectou-se que 9% das instituições já usam a estratégia chamada *machine learning* para progredir na compreensão de todos os fatores que podem se correlacionar com a ocorrência desse problema. Ela consiste em um programa de computador avançado, que usa os dados coletados e equações matemáticas (algoritmos) para aumentar a precisão do resultado das pesquisas.

Computadores que vão auxiliar no diagnóstico serão cada vez mais comuns e o computador Watson continua trabalhando. Não farão a substituição dos profissionais porque as nuances de um ser humano só são percebidas por outro ser humano. Mas serão uma ferramenta colocada na prática clínica. Watson foi nutrido com todos os livros textos e artigos científicos existentes. Ele sabe, por exemplo, que comer para aliviar um estresse é um comportamento mais feminino do que masculino; que as mulheres colhem mais benefícios da atividade física do que os homens; que os homens tendem a ser mais impulsivos; que as mulheres sofrem com seus conflitos por mais tempo que os homens, o que aumenta sua susceptibilidade à depressão; que o estresse crônico atrapalha muito a memória dos homens; que uma dose menor de zolpidem (um tipo de remédio para dormir) pode ser eficaz para a mulher; que certos remédios para Depressão tipo fluoxetina funciona melhor para mulheres; que há maior prevalência de Glaucoma nas mulheres; que os homens seguem menos as receitas médicas do que as mulheres; que depois da menopausa apenas um terço das mulheres conseguem controlar bem a pressão arterial, que é fator de risco para problemas cardíacos e derrame (acidente vascular encefálico); e mais um bilhão de informações enfileiradas. Imagine colocar todas as informações pessoais, enriquecidas com estudos de sequenciamento do DNA pessoal, para então termos a conduta a ser implementada para todas as doenças!

O calor humano e o amor serão sempre imprescindíveis para nossas vidas. Muitas vezes a cura estaria naquele abraço. Pois, por mais que avance, Watson não será capaz de sentir ou entender a emoção indescritível dos versos de Elizeth Cardoso e Pixinguinha em "Carinhoso": Meu coração/Não sei por quê/Bate feliz quando te vê/E os meus olhos ficam sorrindo...

Referências

Beyaz S. A brief history of artificial intelligence and robotic surgery in orthopedics & traumatology and future expectations. Jt Dis Relat Surg. 2020; 31(3): 653-5.

Chen Y, Elenee Argentinis JD, Weber G. IBM Watson: how cognitive computing can be applied to big data challenges in life sciences research. Clin Ther. 2016 Apr; 38(4): 688-701.

Picard F, Deakin AH, Riches PE, Deep K, Baines J. Computer assisted orthopaedic surgery: past, present and future. Med Eng Phys. 2019 Oct; 72: 55-65.

10

Medicina de precisão

Já de longo tempo não nos causa espanto a substituição de uma tecnologia por outra mais moderna. Esse avanço é sustentado por novas descobertas e conhecimentos. O mesmo acontece com as verdades da Medicina. Em 1950, estimava-se que pelo menos metade do que se sabia teria uma validade de 50 anos. Em 1980, esse tempo caiu para 7 anos, e hoje podemos ser surpreendidos com um ponto de vista diferente em menos de 90 dias.

Alicerçados em *big data* – imensa quantidade de informações que o cérebro humano não é capaz de processar – e aliados às novas ciências resultantes do desvendamento dos genomas, vemos emergir a promessa de diagnósticos mais precisos e tratamentos revolucionários em todos os campos da Medicina. Os novos recursos de sequenciamento dos genes são capazes, por exemplo, de alterar em 50% dos casos, as decisões do melhor remédio para o câncer da mama ou do trato biliar. A possibilidade de oferecer um tratamento que se encaixa às características genéticas é uma nova esperança para os que podem usufruir dessa oportunidade. Considerando que a idade média das pessoas nessas circunstâncias é de 56 anos, cada dia da extensão da jornada da longevidade conta.

A integração progressiva e continuada dos dados sobre quais remédios são melhores para cada pessoa – uma ciência chamada farmacogenômica – juntamente a todas as demais informações sobre um paciente, desde idade, sexo, local de nascimento, profissão, hábitos de vida, anexação de todos os dados porventura acumulados ao longo do tempo em seu relógio *smartwatch* etc., traçados de quaisquer exames gráficos, seja eletrocardiograma ou outros, sejam imagens de exames, como radiografias, tomografias ou ressonâncias se tornou realidade. Tudo pode ser transformado em equações matemáticas chamadas algoritmos para ser analisado e contribuir para um melhor prognóstico com conduta mais adequada.

Um exemplo atual de uso de nova tecnologia é a prescrição dos medicamentos da classe das tiopurinas, usados em dezenas de doenças, como leucemia, doença de Crohn (no intestino), artrite reumatoide, depois de transplantes de órgãos etc. Quem não tem a enzima TPMT em percentual funcionante pode apresentar efeitos adversos graves ou toxicidade. Hoje, depois do advento do exame de investigação do perfil genético para a detecção da mutação que leva à diminuição de atividade dessa substância, todos se sentem mais seguros, pacientes e médicos prescritores. O exame é feito pelo método chamado NGS – "sequenciamento de nova geração" – capaz de fazer o sequenciamento do DNA. Ouviremos doravante falar muito dele pois tem serventia em várias circunstâncias, como detectar mutações genéticas em pacientes com câncer, checar a adaptação de várias drogas a condições específicas, dentre outras.

Outra sigla com a qual passamos a conviver desde 2002 e será do nosso cotidiano é a CRISPR (*clustered regularly interspaced short palindromic repeats*: repetições palindrômicas curtas agrupadas e regularmente interespaçadas). Em linguagem simples, é essa técnica de engenharia genética que permite a edição dos genes. Os cientistas desenvolveram essa "ferramenta" para essa função pela primeira vez em 2011. É como trocar as letras de uma palavra e ela então ter um novo significado. No caso do gene, ele terá sua função restabelecida ou modificada de acordo com a necessidade. Desde então, abriu-se novas perspectivas para se tratar uma série de doenças, como certos tipos de câncer, leucemia, HIV, anemia falciforme etc.

Os bancos de dados de genes do mundo inteiro compilam as informações de que gene sintetiza cada proteína, ou faz qual função que pode ser determinante para se desenvolver uma certa doença ou condição. Dos cerca de 60 mil genes compilados um terço é responsável por codificar substâncias cruciais para o nosso corpo. Esses cerca de 20 mil genes representam apenas 1,5% de todo o genoma humano. Há muito ainda por vir.

A expansão dos instrumentos de pesquisa avançados, como a inteligência artificial concedeu acessibilidade às informações que catapultam as inovações, e a possibilidade de proposição de novas estratégias para situações em que não se vislumbrava uma solução. Exemplo claro é a descoberta que certas drogas bem conhecidas para uma condição podem servir também com êxito para outras situações aparentemente tão diferentes. Testemunhamos isso recentemente na epidemia do Covid-19.

Entretanto não se pode perder de vista que a manifestação de muitos genes está condicionada a fatores externos, como modo de vida, alimentação, exercício físico, paz de espírito, e até mesmo o ar que se respira. Todos os fatores podem atuar como gatilho para a perda da higidez. Se estamos nos cuidando bem, é sinal de que estamos nos respeitando e nos amando. Que assim prossigamos. Cada um é muito importante aqui. Quando canta "Saúde", Rita Lee, na composição dela e de Roberto de Carvalho nos deixa esta mensagem alvissareira: "Mas enquanto estou viva e cheia de graça/Talvez ainda faça um monte de gente feliz". Que assim seja!

Referências

Goetz LH, Schork NJ. Personalized medicine: motivation, challenges, and progress. Fertil Steril. 2018; 109(6): 952-63.

Heinrich K, Miller-Phillips L, Ziemann F, Hasselmann K, Biro D, Von Bergwelt-Baildon M, et al. Lessons learned: the first consecutive 1000 patients of the CCCMunich^{LMU} Molecular Tumor Board. J Cancer Res Clin Oncol. 2022 Jul 7: 1-1.

Olstad DL, McIntyre L. Reconceptualising precision public health. BMJ Open. 2019 Sep 19; 9(9): e030279.

11

As cores da vida

O colorido do mundo sempre causou fascinação. Foi um frisson, por exemplo, a primeira transmissão de TV em cores no Brasil por ocasião da Copa de Mundo de Futebol de 1970 ocorrida no México em que nosso país se consagrou como tricampeão. O surpreendente é saber que nem todas as pessoas são capazes de usufruir das cores do mundo.

A percepção das cores melhora durante a adolescência, atinge seu ponto máximo por volta dos 30 anos de idade e depois diminui gradativamente, e mais aceleradamente depois dos 60 anos de vida. A interpretação da cor azul é a mais afetada, justamente a mais preferida de forma geral pelas pessoas. Mas por que isso ocorre? Entre os vinte e oitenta anos o envelhecimento faz diminuir em 25% a quantidade de neurônios da retina. Cai também pela metade a densidade dos nervos em nosso córtex visual, localizado na região posterior do nosso cérebro, no chamado lobo occipital.

Porém, as pessoas jovens gostam de cores mais brilhantes, em relação às pessoas mais maduras. E à medida que envelhecemos passamos a optar por tons mais escuros. Essa ocorrência universal é natural. Mulheres jovens adoram um roxo ou um vermelho, e homens jovens costumam escolher o verde. Já o amarelo escuro ou marrom são as tonalidades mais preteridas. Agrega-se a isso o fato que cerca de 8% dos homens brancos, mas apenas 0,5% das mulheres já nascerem com um defeito congênito que resulta na incapacidade ou na distorção na percepção das cores. Assim, é muito compreensível a crítica que nós homens às vezes recebemos ao escolher certas combinações de camisas, calças e meias! Com certeza muitos não têm mesmo a "magia" da capacidade de fazer essas escolhas!

Para a Medicina, as cores têm uma importância especial. A começar pela Educação Médica. Pesquisas demonstram que falta representação da condição de apresentação das várias doenças nas diferentes cores de pele. O diagnóstico na pele mais escura tende a ser mais difícil, e isso é recorrente em certas especialidades como a Dermatologia, Ginecologia, Reumatologia, e Urologia, apenas para citar as de maior impacto nesse contexto. Com o aprofundamento da compreensão da importância da diversidade, e da inclusão, novos esforços conscientes, já se iniciaram. Deve-se superar o etnocentrismo vigente e dar lugar às ilustrações com casos clínicos e exemplos nas diversas etnias que de fato representam nossa gente.

Quando ocorre um adoecimento, em várias circunstâncias se dá a diminuição da percepção das cores. Isso pode acontecer em até um terço dos Diabéticos, em 78% dos portadores de um tumor cerebral, na vigência de uma Catarata (opacificação de uma estrutura em forma de lente dentro do olho), no Glaucoma (aumento da pressão dentro do olho), nos Autistas, no HIV (AIDS), na Esclerose Múltipla, e até mesmo em enfermidades psiquiátricas como a Psicose e Depressão. Nessa última, o índice de alteração da percepção das cores pode chegar a surpreendentes 63%. Nas doenças relacionadas ao trabalho, a deficiência da percepção das cores pode ocorrer nos trabalhadores que lidam com o abastecimento de combustíveis de avião ou outros solventes químicos, e em 15% dos soldadores dentre outras lesões específicas próprias.

Mais instigante é compreender as alterações que ocorrem no nosso corpo ou em nossos hábitos fisiológicos. Na Cirurgia Ortopédica, um cirurgião pode se surpreender com um osso negro. Então passa a pensar nas várias possibilidades, como distúrbios do metabolismo, deposição de metais, metástases ósseas, ou até mesmo o uso de certos antibióticos como a minociclina. Embora raro, mas felizmente reversível é um paciente em tratamento para Tuberculose com o fármaco etionamida começar a enxergar tudo em tons de azul, condição denominada cianopsia! No alpinismo de grandes altitudes, após 5.400 m um quarto dos praticantes apresentam diminuição da percepção das tonalidades de azul. Essas alterações felizmente são reversíveis quando retornam.

Outro evento que entrará cada vez mais em cena com o avanço demográfico da senilidade é a síndrome da bolsa coletora com urina roxa. Ela acontece em pacientes em uso de sondas urinárias e com várias doenças crônicas ao mesmo tempo, como Diabetes, infecção urinária resistente aos antibióticos, Demência, pacientes em hemodiálise, e constipação intestinal concomitante à insuficiência renal. As causas são a produção bacteriana de certas substâncias da cor azul que tingem a urina, um pH urinário mais alcalino, ou o supercrescimento de certas bactérias intestinais que produzem o pigmento azul que por vias metabólicas passam para a urina.

Nosso ser é mais capaz de sentir a vibração de tudo o que vê, se estamos com o coração feliz. "O preto e branco tem cor/A vida tem mais humor/E pouco a pouco o vazio se completa" cantado em "Ouvi dizer", composição de Rodrigo, Gabi e Diogo Melim, revela onde a plenitude das cores se realiza por inteiro e de fato.

Referências

Heim M, Morgner J. Farbensinnstörungen bei endogenen depressionen [Color vision defects in endogenous depression]. Psychiatr Prax. 1997 Mar; 24(2): 73.

Moura AL, Teixeira RA, Oiwa NN, Costa MF, Feitosa-Santana C, Callegaro D, et al. Chromatic discrimination losses in multiple sclerosis patients with and without optic neuritis using the Cambridge Colour Test. Vis Neurosci. 2008 May-Jun; 25(3): 463-8.

Reed DN, Gregg FO, Corpe RS. Minocycline-induced black bone disease encountered during total knee arthroplasty. Orthopedics. 2012 May; 35(5): e737-9.

12

O tempo faz bem à Medicina

No ano de 2022, celebramos 125 anos da existência da aspirina moderna, segundo os historiadores da Medicina. Atribui-se a Hoffmann, um químico que trabalhava no laboratório da Bayer em Wuppertal, na Alemanha a sua síntese, em 1897. Como ocorre em todo aniversário é um momento de reflexão sobre seu nascimento e sua trajetória. No caso da aspirina é um acontecimento importante porque ela é o medicamento mais usado e conhecido em todas as partes do mundo. Como qualquer medicamento possui qualidades e efeitos adversos. Somente o médico pode escolher o melhor tratamento para cada paciente, e acompanhar a evolução de uma condição de saúde.

A história da aspirina remonta aos sumérios e egípcios que já usavam a casca da árvore salgueiro como antitérmico e analgésico. Suas propriedades eram também conhecidas na antiga Grécia e Roma. Uma das fontes de conhecimento de que as plantas que continham a salicina, a substância natural, já era um medicamento de prescrição antiga veio do Papiro de Ebers, escrito por volta de 1.500 a.C. e descoberto no século XVIII. Deve-se esclarecer, entretanto, que a aspirina sintetizada é uma substância muito mais eficaz e com menos efeitos adversos que a substância natural.

A popularidade da aspirina cresceu depois de ter sido testada com sucesso para os sintomas de dor e febre da Gripe Espanhola, também conhecida como Gripe de 1918, uma pandemia do vírus influenza H1N1 de proporções mundiais que matou 50 milhões de pessoas nos cinco continentes, tal como a recente pandemia global do Covid-19 que conhecemos. Viu-se tanta importância no medicamento, que ele fez parte do acordo de paz ao término da Primeira Guerra Mundial, obrigando a proprietária da marca a renunciar à sua patente.

A elucidação do mecanismo de ação da aspirina rendeu ao fisiologista inglês John Vane em 1982 o Prêmio Nobel de Medicina, ao descrever como ela age junto às substâncias do corpo chamadas prostaglandinas, as quais inibe.

Os usos da aspirina são os mais diversos. Atribui-se a ela, por exemplo, o poder de prevenir o câncer colorretal, o terceiro de maior incidência entre as pessoas, dependendo de sua genética; tratamento de certos tipos de enxaqueca, prevenção de pré-eclâmpsia em grávidas com certos fatores de risco (um evento na gravidez em que a pressão arterial se eleva, podendo colocar a mãe e o feto em risco), diminuição de partos prematuros, e agir como anticoagulante para evitar o entupimento de veias. Por isso é tão usada na prevenção de tromboses após operações, e infarto do coração.

Outras funções novas que se descobriu para ela foi aumentar a potência de diversos antibióticos para uma série de doenças, interferir em uma espécie de muco (biofilme) protetor das bactérias, que as fazem resistir aos antibióticos, o que chama muito a atenção, principalmente nas situações em que o tratamento da infecção envolve a presença de "platinas", como em próteses usadas na Ortopedia. Além disto é capaz de auxiliar no tratamento da Tuberculose, Hanseníase, Doença de Chagas, na confusão mental da AIDS, para dilatar o tempo de recorrência do vírus da Herpes, sendo capaz de reduzir pela metade os dias de duração da crise herpética, dentre tantas outras funções na Medicina.

Interessante que certas doenças podem ser desencadeadas pela aspirina, como é o caso da crise de Gota (dor forte em uma articulação devido inflamação decorrente de excessiva elevação do ácido úrico), e da Síndrome de Reye, que é uma reação neurológica e hepática grave e rara, que pode ocorrer depois de uma doença infecciosa viral em crianças e adolescentes.

Pessoas alérgicas à aspirina não devem tomar anti-inflamatórios comuns, ou só fazê-lo sob orientação médica, pois a reação alérgica pode se manifestar igualmente, devido à similaridade de seu modo de ação no organismo.

Parece estranho, mas por que em alguns locais se usa a aspirina 81 mg e em outros lugares 100 mg? É que nos Estados Unidos os trabalhos científicos usados para comprovar a eficácia do medicamento em baixas doses, pela agência reguladora, usaram a dose de 81 mg. Na Europa, usaram a dose de 100 mg com os mesmos resultados. São as chamadas baixas dosagens. Assim, essas dosagens tão próximas estão disponíveis no mercado sem grande diferença de fato entre elas. Há ainda outras doses padrões, como 325 mg ou 500 mg, tidas como dosagens altas, cada qual usada para finalidades diferentes.

Quando tem necessidade de ser usada ao mesmo tempo que outros medicamentos, como anti-inflamatórios, a aspirina deve ser tomada em horário desencontrado para não ter seu efeito anticoagulante neutralizado. Outra tendência moderna é também não fazer uso da dipirona para os pacientes que usam a aspirina para prevenir eventos cardíacos. Tal combinação atrapalharia o efeito anticoagulante pretendido.

Sabe-se ainda que as primeiras horas da manhã é o melhor horário para se tomar a aspirina, para que atue em sinergia com nosso ritmo circadiano, dinâmica cardiovascular, e metabolização do próprio medicamento. Tempo, tempo, tempo, tempo/E eu espalhe benefícios... é cantado por Caetano Veloso em sua canção "Oração ao Tempo". Parece sim, esse mesmo, o lema que embala a aspirina!

Referências

Desboroughm MJR, Keeling DM. The aspirin story: from willow to wonder drug. Br J Haematol. 2017 Jun; 177(5): 674-83.

Hans-Christoph D. The role of aspirin today. Medspace. 2022 Jul 28. [acesso em 2023 nov 13]. Disponível em: https://www.medscape.com/viewarticle/976621?form=fpf.

Joseph J, McGrath H. Gout or 'pseudogout': how to differentiate crystal-induced arthropathies. Geriatrics. 1995 Apr; 50(4): 33-9.

13

Ao ritmo dos doutores millenials

A sociedade está a incorporar e usufruir de médicos nascidos depois de 1980, considerados nativos digitais. Eles trazem uma nova forma de encarar a vida, conciliando o trabalho, o esporte, o lazer, de modo a viver com maior equilíbrio a vida pessoal e profissional.

Conectados em tempo integral aos seus grupos de pertinência, eles têm comunicação ágil e eficaz. É uma geração que poderá trazer muitos benefícios ao Sistema de Saúde. Uma vez que são sedentos de informação precisa, consultam com prontidão os protocolos de tratamentos, algoritmos de decisões, avizinhando-se com rapidez da prática da Medicina baseada em evidências. Esse modo se acopla como uma luva para as novas formas de gestão de Saúde no novo mercado on-line.

Segundo pesquisa realizada pelo Instituto Brasileiro de Opinião Pública e Estatística (IBOPE), em 2023, 143,5 milhões de brasileiros tiveram acesso à internet pelo celular em 2019. Assim, o país experimenta por meio do *smartphone* ferramentas que vão desde a procura de profissionais, marcação de consultas, compras, a novos tratamentos médicos por meio de aplicativos. Para se ter uma ideia da força dessa tendência, um estudo constatou que 42% dos brasileiros já fizeram uma compra via *web*. Quem chega ao mercado tem tempo livre para explorar esses novos espaços e desenvolvê-los.

Conciliar a abordagem moderna aos pilares do conhecimento tradicional será seu grande desafio. Por exemplo, um aplicativo para combate ao tabagismo (*smokerface*) poderá demonstrar a partir de uma foto, simulando uma projeção 3D, a aceleração do processo de envelhecimento e os malefícios na aparência causados pelo cigarro. Com rapidez, esses médicos têm à mão imagens que ilustram as mais diversas condições clínicas que afetam os pacientes, promovendo a Educação em Saúde e desmitificando situações que soam como um bicho-papão para quem não as conhece. E o que não dizer da realidade virtual aumentada e os *games* para tratamento de distúrbios emocionais?

Cada vez mais, as empresas ligadas à tecnologia, interessadas na área de Saúde buscam novas ideias em *hackathons* – maratonas que desafiam os participantes a desenvolver ferramentas para inovação –, e *startups* que ligam necessidades a quem pode resolvê-las.

Outro aspecto é o *feedback* das análises dos dados colhidos das informações inseridas durante o atendimento e mesmo a avaliação virtual do *customer experience*, isto é, uma nota de avaliação do atendimento. Essa nova realidade os torna mais abertos à mudança de foco e estratégia, quando têm de assumir e continuar um empreendimento de família sob novas regras de mercado.

Os desafios de hoje são diferentes. Por exemplo, tendências atuais demonstram que o paciente busca numa consulta a visão do todo e deseja a resolução de vários problemas que estão no âmbito da atenção primária sem ter de ir a quatro profissionais distintos. E isso está em sintonia com a busca de maior eficácia e eficiência quando o serviço é custeado por um Plano de Saúde.

A busca dessa completude resgata o conceito de "médico da família", peça-chave nos mais modernos Sistemas de Saúde, que outrora possuímos e necessitamos ter de volta. Que venha o que é bom! Todos precisamos ser bem cuidados!

Referências

Brasil CI do. Sobe para 82,7% percentual de domicílios com internet, diz IBGE. Agencia Brasil. Rio de Janeiro. 2021 abr 4. [acesso em: 2023 nov 13]. Disponível em: https://agenciabrasil.ebc.com.br/geral/noticia/2021-04/sobe-para-827-percentual-de-domicilios-com-internet-diz-ibge.

Federação das Indústrias do Estado do Maranhão. 4 em cada 10 brasileiros já fizeram compras na internet, aponta CNI. Agência CNI. São Luiz do Maranhão. 2020 jan 15. [acesso em: 2023 nov 13]. Disponível em: https://www.fiema.org.br/noticia/2584/4-em-cada-10-brasileiros-ja-fizeram-compras-na-internet-aponta-cni.

14

A saúde do homem

No Brasil, a data é comemorada em 15 de julho. Porém, no exterior, a data considerada como Dia Internacional do Homem é 19 de novembro. Vale lembrar ambas as datas, por que não? Cada vez mais os homens contribuem de forma positiva nas famílias, na criação e na guarda dos filhos, temas que até recentemente tinham o predomínio absoluto das mulheres. Hoje é possível ver, por opção, homens que cuidam da casa, enquanto suas mulheres trabalham fora.

Valorizar o homem comum, de vida decente e honesta, sem apelar para estrelas do cinema e do esporte é muito importante. É também uma forma de destacar o papel que o homem desempenha na engrenagem social, com ônus conhecido: por motivos óbvios, predominam na realização de tarefas que demandam esforço físico, ou perigosas. Muitas vezes é arrimo de família desde cedo, e suas obrigações interferem no desenvolvimento do seu crescimento pessoal para alcançar o seu pleno potencial.

Há um ônus na masculinidade que se atesta por sua maior mortalidade. Vejam, nascem 107 homens para cada 100 mulheres. Aos oitenta anos, há quatro homens para cada seis mulheres. Essas estatísticas devem promover a reflexão sobre a causa da perda de vidas masculinas no caminho da existência, cujo ápice de taxa de mortalidade ocorre aos 22 anos de idade motivada principalmente pela violência. Como responsável por si mesmo, o homem deve também se voltar para sua saúde física, seu bem-estar social, emocional, físico e espiritual. Do ponto de vista da saúde, o homem deve se cuidar muito mais, pois nesse aspecto é negligente, se comparado à mulher. Tanto que, homens que têm companheiras têm maior longevidade. A explicação é que as esposas cuidam, zelam, levam ao médico!

Ao fazer suas escolhas de estilo de vida, ele deve abdicar do tabagismo; libertar-se do álcool, que no nosso meio, nos finais de semana ou depois do trabalho, é visto como atividade de lazer ou de sociabilidade; e cuidar do Diabetes, da Obesidade, e do Sedentarismo. Atualmente o uso abusivo do álcool é a principal causa de enfraquecimento ósseo do homem. A segunda causa é a baixa do hormônio testosterona que atinge cerca de um sétimo da população masculina aos 50 anos e um quinto depois dos 60 anos. Por isso, um em cada cinco homens sofre uma fratura relacionada à fragilidade óssea. Deve ainda manter as vacinas em dia, fazer os exames preventivos do câncer de próstata, de pulmão, de intestino e demais solicitados por seu médico.

O notável interesse pelo "mundo" masculino se faz presente pelo crescente número de publicações ocorrido nos últimos anos, com conteúdo de grande interesse do gênero, tal como: *fitness*, nutrição, sexualidade, estilo de vida, *hobbies* etc. Isso também tem demonstrado que os homens ampliaram muito os seus horizontes de interesse.

O equilíbrio psicológico masculino é outro fator crucial para ele ser feliz. Estudos comprovam o quanto a paz interior interfere na vida do ser humano. A harmonia de seu ciclo familiar proporciona uma maior qualidade de vida em sua existência. Em outras palavras, um lar acolhedor, prazer em suas realizações, e estabilidade em seu sustento traz o tão perseguido equilíbrio emocional masculino. Conquistar esse coeficiente emocional significa sintonia em todas as áreas de sua vida, desde o trabalho até no amor.

Referência

Dia Internacional do Homem. Calendarr; [2023] nov 19. [acesso em 2023 nov 13]. Disponível em: https://www.calendarr.com/brasil/dia-internacional-do-homem/.

15

Dia internacional do autocuidado - 24 de julho

Um estilo de vida saudável é a principal forma de prevenção das doenças que podem nos acometer. O Dia Internacional do Autocuidado celebrado em 24 de julho nos remete a uma atitude ativa e responsável com nossa própria saúde, motivando uma melhora de nossa qualidade de vida. Hábitos bem fundamentados, como higiene pessoal, nutrição saudável, prática de atividades físicas, controle do peso corporal, não ser fumante ou consumidor de bebidas alcóolicas, frequentar o médico para cuidar das doenças crônicas e fazer o *check-up* das doenças preveníveis, são o esteio da longevidade.

O principal aspecto dessa data é o empoderamento. Isso significa que ninguém mais que você mesmo pode fazer mais pela sua própria saúde.

As crianças sofrem com o enclausuramento da vida moderna, brincando pouco ao ar livre, convivendo menos com a natureza e pasmem sendo vítimas também da baixa da vitamina D devido pouca exposição solar.

Já os adolescentes sofrem por ficarem sem dormir. Um número adequado de horas de sono está associado a uma melhor saúde, menor incidência inclusive de câncer. Os adolescentes, ao ficarem nas mídias digitais até altas horas, não atendem as 8 ou 9 horas diárias necessárias para sua faixa etária. Isso reflete na consolidação da memória do que se aprendeu em uma fase da vida de alta demanda da formação educacional.

Além da luz dos eletrônicos, como *smartphones* e *tablets*, temos ainda a luz da televisão. Assistir televisão na cama acaba roubando preciosos minutos do tempo para dormir, pois a luz artificial é interpretada pelo cérebro como luz solar, fazendo com que a secreção do hormônio indutor do sono melatonina seja prejudicada, fato que atinge boa parcela da população.

Por sua vez os adultos sofrem com o uso excessivo de substâncias estimulantes como café, álcool, drogas e medicamentos, mantendo o celular ligado 24 horas, bem como não desenvolvendo os mecanismos para conter o estresse e a ansiedade frente aos desafios dos problemas de família pertinentes ao arranjo complexo de hoje, e as cobranças do mundo do trabalho.

Os idosos olham com perplexidade as ameaças do mundo virtual, a incerteza do rendimento para manter sua sobrevivência, e o retorno à condição de arrimos de família com o desemprego dos filhos jovens. Buscam reunir toda a experiência de vida para assegurar seu equilíbrio emocional e decidir com sabedoria o melhor posicionamento ante cada nova situação.

Na idade senil o desafio é ainda maior, pois devemos estar muito mais atentos aos sinais e sintomas que aparecem e que precisam de investigação para saber de fato do que se trata, se uma dor ou desconforto simples ou do início de uma doença mais grave.

O autocuidado fará com que a sociedade seja menos onerada com os gastos sociais de saúde, e viva com mais harmonia, uma vez que o bem-estar físico e psicológico estão intimamente relacionados.

Referência

Melo A. Dia Internacional do Autocuidado: mude seus hábitos! Terra. 2021 jul 24. [acesso em 2023 nov 13]. Disponível em: https://www.terra.com.br/.

16

Tatuagem – além do desenho

Frequentemente as pessoas se queixam de suas cicatrizes e desejam torná-las menos visíveis. Um dos pensamentos é realizar uma tatuagem na região da cicatriz para escondê-la. Outras vezes desejam realizá-la por mero deleite, conforme Figura 1.

Figura 1 – Criatividade em *tattoo* aproveitando-se cicatriz operatória após uma operação do tornozelo

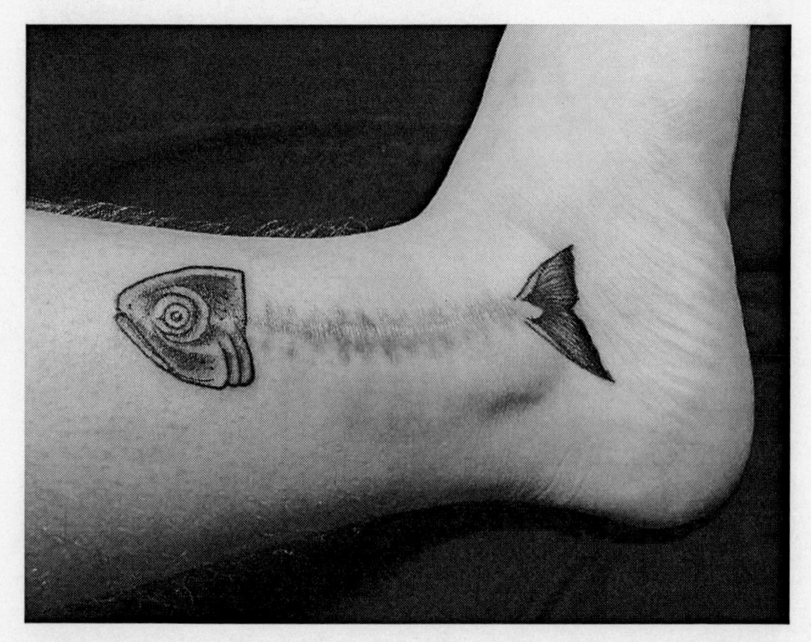

Fonte: o autor

Do ponto de vista da Educação em Saúde, há vários aspectos a serem esclarecidos. De posse de todas as informações então o adulto maturo poderá tomar sua decisão.

Tendo em vista que as tatuagens são objeto de desejo de consumo principalmente da faixa etária dos 15 aos 21 anos a equipe de Saúde tende a adotar um ponto de vista de precaução, partindo do pressuposto que nessa faixa etária os jovens adultos estão em processo de veloz mudança corporal, e de percepção do mundo.

A tendência é orientar reflexão, pois um terço das pessoas que fizeram uma *tattoo* estão arrependidas. Boa parte dessas pessoas passam décadas escondendo o ato impensado sob suas roupas.

Há ainda os riscos à saúde que não podem ser desconsiderados.

Naturalmente todas as precauções de higiene devem ser observadas, com o uso de materiais descartáveis de uso único. O estúdio deve ser certificado pela Agência Nacional de Vigilância Sanitária (Anvisa) para funcionar legalmente. Várias doenças podem ser transmitidas: infecção da pele, Hepatite B, Hepatite C, Tuberculose e até mesmo a Aids. Estudos levados a cabo por Greif, Hewitt e Armstrong (1999) e Haley e Fischer (2001) demonstraram 2,8% de incidência do vírus da Hepatite C na população geral e 6,9% na população tatuada. Outros comportamentos dessa subpopulação podem ter contribuído para esse aumento de incidência, o que não cabe discutir aqui.

O paciente deve ainda estar com sua vacinação para tétano em dia.

As reações alérgicas aos pigmentos da *tattoo* são incomuns, mas podem ocorrer. As mais vistas são reações ao vermelho, amarelo e ocasionalmente ao branco, podendo ser desencadeadas pelo Sol. As reações de alergia são menos frequentes aos pigmentos preto, roxo e verde. Sais metálicos podem estar presentes na tinta de tatuagem. Uma tatuagem de 7,5 cm x 12,5 cm pode conter até 23 microgramas de chumbo. A exposição a esse metal está relacionada a defeitos congênitos, câncer e outros danos.

No mundo inteiro há uma dificuldade para se controlar a origem e composição dessa tinta. A Comissão Europeia relata que 40% dos pigmentos orgânicos usados em *tattoos* não têm aprovação para uso cosmético e que 20% contêm uma amina aromática carcinogênica.

Raros casos de queimadura, ao se fazer uma Ressonância Nuclear Magnética (RNM) em áreas de tatuagens extensas foram relatados. Isso pode ocorrer porque a cor preta contém óxido de ferro que se aquece durante o exame. Porém, uma tatuagem não é contraindicação para se realizar uma RNM.

Reações dermatológicas podem ocorrer a curto e longo prazo, como granulomas, erupções eczematosas, e reações de hipersensibilidade até 20 anos depois.

Alguns pigmentos podem ainda migrar pelo sistema linfático e se acumular nos gânglios linfáticos onde podem causar uma inflamação (íngua).

Assim, não tome uma decisão repentina. Lembre-se que uma tatuagem é um desenho permanente. A remoção é possível, mas onerosa e, às vezes, incompleta.

Referências

Greif J, Hewitt W, Armstrong ML. Tattooing and body piercing: body art practices among college students. Clinical Nursing Research, Newbury Park. 1999; 8(4): 368-85.

Haley RW, Fischer RP. Commercial tattooing as a potentially important source of hepatitis c infection. Medicine. 2001 Mar; 80(2): 134-51. [acesso em 2023 nov 13]. Disponível em: https://journals.lww.com/md-journal/Fulltext/2001/03000/Commercial_Tattooing_as_a_Potentially_Important.6.aspx.

17

Na trilha da esperança

Todo ciclo que se inicia ou se completa nos infunde de novos sentimentos de esperança para satisfazermos nossas expectativas. É assim no Ano Novo, em nosso aniversário, nas datas comemorativas que cultivamos, e até mesmo se lutamos para resgatar a saúde, nosso bem mais precioso.

É por isso que diferentes áreas do conhecimento humano se interessam pelo tema, seja a Filosofia, a Teologia, a Educação, a Medicina e principalmente a Psicologia Positiva.

A esperança está intimamente relacionada com as expectativas positivas a respeito de um objetivo. E certas atitudes podem com certeza contribuir para a consecução do que desejamos. Sabermos como cultivar e manter a chama acesa é crucial principalmente quando nos deparamos com os obstáculos da vida. À medida que amadurecemos treinamos, exercitamos e testamos nossas estratégias pessoais para aguardar a tempestade passar.

Sabermos que a flexibilidade é necessária para resistirmos a mudanças dos tempos. Frequentemente temos que renegociar com nós mesmos diante das situações intransponíveis. Certas circunstâncias do adoecimento, por exemplo, podem nos subtrair estilos de vida, ou a possibilidade de caminharmos de forma independente como antes, ou de nunca mais podermos praticar um determinado esporte ou tocarmos um instrumento. Saber que de repente uma barreira pode nos afrontar é conhecer a história natural da existência.

Pensarmos de forma estratégica e vermos as situações de forma multidimensional é inerente à nossa energia vital. Dessa maneira, podemos lidar com perdas, com frustrações físicas, emocionais e sociais. O sofrimento humano pode estar presente e ser expresso como desinteresse, raiva, medo, ansiedade ou depressão. Para cada uma dessas situações, há uma forma de ajuda em especial.

Quem sabe que existe o instrumento chamado otimismo e já provou dele pode lidar melhor diante das circunstâncias difíceis e se ajustar. Saber proteger nossa autoestima nessas horas é fundamental. Mantenhamos nossas pastinhas com aquelas cartinhas que nos são tão amorosas. Produzamos essas relíquias! Elas podem alimentar a nossa alma nos momentos mais desafiadores.

Há uma convergência entre as atividades que nos mantêm interrelacionados com o mundo a nossa volta e a esperança. Assim, dedicarmo-nos a um estudo, apreciarmos uma atividade física, buscarmos uma meta, e até mesmo nos sentirmos as únicas pessoas importantes no mundo para a sobrevivência de nosso "pet" podem nos manter motivados e mais satisfeitos conosco mesmos.

O sentimento de esperança se inicia em nossa infância e vai se aprimorando vida afora, moldado pelos acontecimentos. E não há diferenças quanto ao sexo. Estudos científicos comprovam que quem tem esperança tem maior qualidade de vida pois vive mais feliz, e valoriza mais a vida.

Vê-se com emoção que os versos cantados de Ivan Lins estão bem em sintonia com nossos desejos, abençoam-nos e profetizam a esperança em "Bandeira do Divino": "Assim como os reis magos/Que seguiram a estrela guia/A bandeira segue em frente/Atrás de melhores dias, ai ai". Que a cada dia renovemos nossas esperanças!

Referência

Francisquini PD, Soares MH, Machado FP, Luis MAV, Martins JT. Relationship between well-being, quality of life and hope in family caregivers of schizophrenic people. Rev Bras Enferm. 2020; 73 (Supl. 1): e20190359. [acesso em 2023 nov 13]. Disponível em: https://www.scielo.br/j/prc/a/KDmQSVJFW4Sw97jzRgDk4bk/?lang=en.

18

O que aquece o coração

Celebra-se o que é memorável, para poder fincar um marco de dia de júbilo em nossa existência para coroar a culminação de grandes feitos. Pode ser uma formatura, um aniversário ou uma inauguração. Mais do que pedir, como é grandioso se reunir quando se tem o que agradecer!

O calor da presença dos participantes desperta a consciência do sentimento de comunidade. Somos uma partícula de um quebra-cabeça em que a interdependência é a tônica. Compreender as consequências da motivação como mola mestra do bem é ainda mais incrível. É admirável como a sensação de saúde física se entrelaça com a sensação de plenitude quando podemos festejar realizações. E nos sentirmos revigorados.

A felicidade pura reinante nessas circunstâncias é totalmente diversa das emoções presentes em outras ocasiões de muita adrenalina. A sensação de alegria efusiva pode precipitar a síndrome do coração feliz (*happy heart syndrome*) também conhecida como Síndrome de Takotsubo. Nela a pessoa tem os sinais aparentes de um ataque cardíaco – dor no peito e falta de ar – cujo tratamento é feito na Sala de Emergência de um Pronto Socorro. Mas não há razões de pânico para parar de vibrar por seu time favorito quando ele ganhar, nem se entristecer quando ele for desclassificado. Pois é uma condição rara em que dois terços dos casos têm fatores corporais próprios facilitadores, como a epilepsia e o hipertireoidismo. O que chama atenção nessa síndrome é que os elementos habituais de risco para problemas do coração, como diabetes, colesterol alto, hipertensão arterial, tabagismo e história familiar para doença cardíaca estão ausentes. O inverso também pode precipitar Takotsubo, isto é, uma avalanche de emoções negativas pode ser capaz de causar a síndrome do coração partido (*broken heart syndrome*). As situações mais frequentes são o terror de um quase afogamento, notícias econômicas terríveis, estar internado em um Centro de Tratamento Intensivo (CTI), certas condições neurológicas ou psiquiátricas, saber do falecimento de um ente querido dentre outras.

Promover a solidariedade, a superação e a inclusão são as medidas sociais fundamentais para ajudar a superar os males mais comuns que afetam a Humanidade em qualquer parte do mundo: solidão, dificuldades financeiras que ameaçam a sobrevivência, adoecimento e discriminação. O entendimento da realidade promove maior adaptabilidade para se moldar às mudanças do mundo. Em consequência, o aprendizado da resiliência fornece um poder inspirador para suportar a adversidade e sentir prazer em vencer o desafio. A calma pode ser aprendida. É notório que a generosidade pode estar presente em qualquer classe social, pois a bondade e a palavra amiga podem construir conexões interpessoais que promovem a sensação de que tudo faz valer a pena.

Criar momentos bons que podem ser lembrados mais adiante é também uma forma valiosa de contribuir para a própria felicidade futura. Lá na frente, a nostalgia recheada de coisas boas, principalmente quando compartilhada, pode nos fazer mais felizes com nós mesmos. É provado que quem tem boas lembranças de sua autobiografia parece apreciar melhor o mundo. Alimenta positivamente também a autoestima. E isso pode ser usado como remédio. Pois, não podemos reescrever o passado, mas podemos agir de modo diferente a partir de agora. Daqui a pouco teremos do que nos orgulhar. Muitas formas de criar momentos especiais podem ser usadas, um cheiro que pode evocar lembranças familiares, um sabor de um tempero especial, uma música que nos remete a uma viagem no tempo, uma dança que nos embala e seduz, um trecho de um livro que nos marcou, um filme ou jogo inesquecível.

Manter-se inserido no contexto de fazer o bem onde quer que estejamos é um dos segredos para celebrar a vida. Afinal, é seguir na busca do que nos faz sentir a razão de viver. Ousemos sempre manter esta coragem, como canta Arnaldo Antunes em "Envelhecer": "Eu quero estar no meio do ciclone/ para poder aproveitar...".

Referências

Amin HZ, Amin LZ, Pradipta A. Takotsubo cardiomyopathy: a brief review. J Med Life. 2020 Jan-Mar;13(1): 1-7. [acesso em 2023 nov 13]. Disponível em: https://medandlife.org/wp-content/uploads/JMedLife-13-3.pdf.

Couch LS, Channon K, Thum T. Molecular mechanisms of Takotsubo syndrome. Int J Mol Sci. 2022 Oct 14; 23(20): 12262. [acesso em 2023 nov 13]. Disponível em: https://www.mdpi.com/1422-0067/23/20/12262.

19

O mundo real e o sonho

É fácil perder o equilíbrio diante de tantas demandas. Manter-se confiante para não abalar a concentração é uma necessidade. É o modo de se manter ativo como resolvedor de problemas. Pois a cada dia um novo desafio surge. Um dos obstáculos mais envolventes na vida das pessoas é o adoecimento de um membro da família. Nele, passamos a conhecer as mazelas do mundo e as dificuldades da existência. Fazemos ainda uma reviravolta interior para encontrar a resposta do que vale a pena.

O mais incrível é que até mesmo as crianças com adoecimento crônico desenvolvem sua espiritualidade inata para lidar com esse momento de vida. Os recursos interiores vão além da religiosidade da família. O sofrimento faz emergir a busca do significado da vida, do porquê de estar aqui e como transcender este tempo. Estima-se que uma em cada sete crianças sofre com doença crônica. Para essa criança, brincar, mesmo na vigência da doença é um verdadeiro exercício de desenhar cenários alternativos. Treinar repertórios comportamentais diversos, pois a frustração e alegria do empate, da vitória e da derrota nos inocentes joguinhos amplia o entendimento do outro. Treinar na derrota a respeitar a alegria do "adversário", desde tenra idade, é construir cidadãos respeitosos e solidários. Por isso, é benéfica e elogiável a existência de iniciativas como brinquedotecas em hospitais. Vê-se ainda a crescente aceitação da "terapia assistida de animais" em que principalmente cães e gatos interagem de forma positiva. Não há competição nem substituição das terapias convencionais, mas complementação para melhorar a qualidade de vida de quem já possui ou está sensível a essa nova oportunidade de conexão.

Manter a chance de interação das crianças é uma necessidade principalmente nas internações demoradas, sobressaindo-se as estadias prolongadas gastroenterológicas, oncológicas, cardíacas e ortopédicas. Muitos jogos conseguem simular as situações-problema da vida real, para fazer mergulhar por inteiro na busca de uma resolução. Um estudo em crianças de 7 a 11 anos internadas, foi capaz de demonstrar uma diminuição do nível do hormônio cortisol nas crianças após as brincadeiras, comparativamente às que não participavam. Provou-se assim um menor nível de estresse nas que interagiam. Na adolescência, as narrativas construídas e compartilhadas ajudam a desenvolver a identidade, o que é um elemento crucial para a saúde mental. Talvez as virtudes-alvo mais cobiçadas nessa idade sejam crescer na resiliência, aprender a cooperar e dialogar.

É fato que essas oportunidades de aprendizado de uma construção saudável de convivência fazem diminuir a ansiedade, agressividade, evasão escolar e melhorar a inserção social dos adolescentes. Traz também maior alegria aos pais, ao verem o desenvolvimento de seus filhos.

Somos de fato "*homo ludens*" e buscamos momentos de lazer em todas as idades, seja nos jogos, esportes, jogos de faz-de-conta, teatro, dança, estórias, linguagem, poesia, rituais, música, competição, guerra, filosofia e arte. É até difícil delimitar esse contexto. Basta olhar a saudação de grupos locais que brincam com expressões pitorescas envaidecidas para provocar os amigos ante a vitória de sua equipe favorita. Ou os arroubos de quase uma centena de decibéis de certos jogos de cartas que até confunde quem escuta – estão brigando!?

Para os adultos, liberar-se das amarras que impedem a transcender é ainda mais libertador. Pode ser conquistar um tempo para si mesmo, respeitar o próprio ritmo, ter coragem de mudar, aprender alguma coisa que se sonhava, viver o presente, sair da rotina, fazer algo pelos próprios objetivos em vez de se queixar, simplificar a vida, e até mesmo realizar suas fantasias.

Para a maioria das pessoas um acontecimento que ameaça a vida proporciona crescimento espiritual. É como dar novos óculos para enxergar a existência. É não ter vergonha da própria nudez para dizer que se mudou de opinião. Que nos inspirem as sábias palavras: "A vida não são flores, baby/A vida são dores também", de Vander Lee, ao recitar poeticamente "A vida não são flores". Vale a pena escutar para se emocionar.

Referências

Drutchas A, Anandarajah G. Spirituality and coping with chronic disease in pediatrics. R I Med J (2013). 2014 Mar 3; 97(3): 26-30.

Nijhof SL, Vinkers CH, van Geelen SM, Duijff SN, Achterbeg EJM, Net JVD, et al. Healthy play, better coping: the importance of play for the development of children in health and disease. Neurosci Biobehav Rev. 2018 Dec; 95: 421-9.

20

Existe eternidade

A maioria de nós se curva aos encantos da eternidade. Ela pode existir no plano físico ou espiritual. No plano físico, ela pode existir por meio da perpetuação de uma espécie. Já, no etéreo, há tantas formas que ficamos surpreendidos.

Na natureza, três animais chamam a atenção dos cientistas por manifestarem a capacidade de autorregenerar ou produzir um clone. As águas vivas *Turritopsis dorhnii* podem retornar ao estágio de cisto e depois renascerem com o mesmo conjunto de genes. As hidras, invertebrados de água doce, nunca envelhecem. Tanto que chamou a atenção para estar dentre os primeiros animais a serem examinados por ocasião do salto da tecnologia do microscópio pelo neerlandês Antonie van Leeuvenhoek, em 1674. As planárias, tipos de vermes presentes em todo o mundo são capazes também de viver de forma ilimitada, com o poder até de se dividir em duas, e originar um clone. Nós envelhecemos porque nosso DNA atinge seu limite de divisão celular. Segundo os estudiosos do assunto, na planária isso não ocorre, porque elas possuem uma quantidade de certa enzima que permite a produção de células-tronco autorrenováveis. A intenção da Ciência é se valer da descoberta desses segredos e usar esses conhecimentos para o ser humano.

Atingir a imortalidade por meio de autorias é também um traço de caráter de muitos de nós. Nada contra o desenvolvimento da Ciência, isso é louvável. Mas os que sofrem ou se abalam psicologicamente porque estão a perseguir o objetivo de verem seu nome atribuído a uma doença, uma síndrome ou a um sinal podem estar a apresentar o que denominamos de Síndrome de Tashima.

Outra forma de atingir a perenidade seria a possibilidade de transferir toda a consciência de uma pessoa para um computador. Então poderíamos conversar com ela e observar todas as suas convicções e modo de ser. Essa consciência eventualmente poderia até mesmo ser transportada para um novo ser. Isso aconteceu no filme Avatar, do diretor James Cameron. Ficção científica, a princípio, já é uma realidade hoje em dia quando entramos num "*chat*" (bate-papo) com um *boot* (uma máquina dedicada a esse fim) e fazemos perguntas sobre diversos pontos de vista. As respostas são alimentadas pela inteligência artificial que pretende garantir a melhor resposta para as questões propostas, sustentada por todo o manancial de conhecimento já acumulado pela Humanidade.

É possível sentir o gostinho da eternidade em muitos momentos mágicos. A sensação é confortante e de fagulhas eletrizantes. Naqueles segundos, sentimos a dimensão do mistério da vida. A esperança, a fé, o arrimo que subitamente apareceu, a clarividência, a capacidade de sorrir, a certeza do livre arbítrio guiado pela luz, salvar-se, a consciência tranquila, o amor desinteressado, o ombro como manto para acolher o choro alheio, o perfume do lar, e a cura interior entre tantas benções da vida. O testemunho deve ser colhido de cada um, pois somos entes de memórias. Sabemos que a paz infinita só chega quando de nós se afasta todo mal. Ser perdoado é adentrar em uma das mais sublimes sensações de plenitude, pois nos afasta da solidão. Pois, só nos sentimos pertencentes a este mundo se sentimos o afeto a nossa volta.

Poder recorrer aos conselhos do avô, da avó, do pai, da mãe, de uma pessoa que se admira será incrível. Olha quantas vezes nos apercebemos disto e dizemos que naquela circunstância fulano faria isto ou aquilo. Por quantas vezes nas dificuldades sentimo-nos sozinhos ou perdidos e pedimos ardentemente que tomemos a melhor decisão.

São tantos os líderes espirituais, filósofos, educadores, homens e mulheres de bem que nos deixaram um legado perene. Eles nos sustentam e transformam por meio de seus escritos, para não dizer das mensagens das canções que iluminam e guiam nossas vidas. Há que se lembrar que também somos herdeiros de nós mesmos e construímos nosso lastro a cada dia. Quem não se emociona com os versos inspiradores de "Certas Canções" de Milton Nascimento que nos fazem ter certeza da singularidade coletiva da experiência humana e as razões por que deve ser eternizada: "Certas canções que ouço/Cabem tão dentro de mim/Que perguntar carece/Como não fui eu que fiz. Gratidão!

Referências

BBC Bitesize. 3 animais 'imortais' que fascinam cientistas há décadas. BBC News Brasil. 2022 jul 22. [acesso em 2023 nov 13]. Disponível em: https://www.bbc.com/portuguese/curiosidades-62344798

Tashima CK. Tashima's syndrome. JAMA. 1965 Nov 8; 194(6): 678.

21

A voz do silêncio

A natureza não dá saltos. Em nossa vida e nos processos biológicos essa regra está também presente de forma inequívoca. As transformações minúsculas que se sucedem no quotidiano se somam e demonstram seu desfecho ao final de um período. Compreender esses fenômenos nos faz amparados, pois podemos ter a certeza de que temos muito a contribuir de forma consciente.

Um déficit de atenção de uma criança ou uma intolerância ao frio são alguns dos sinais comuns de uma anemia por deficiência de ferro que pode estar acometendo cerca de 6% das meninas. Uma simples prisão de ventre é o sintoma mais comum que pode preceder certas doenças neurodegenerativas tal como o Parkinson, que afeta 2% da população acima de 60 anos. Nesse caso, a constipação intestinal pode surgir seis anos antes dos distúrbios motores se fazerem presentes. Fogachos e sudorese noturna podem ser o anúncio clássico de sintomas da menopausa para mais da metade das mulheres na meia-idade. Assim, elas podem precisar de tratamento para manter sua qualidade de vida que pode ser alterada positivamente de forma substancial.

Uma falta de vontade de fazer qualquer coisa ou não sentir prazer em nada pode não ser apenas um sinal de Depressão, mas de doenças subjacentes como o Hipotireoidismo ou a baixa de certas vitaminas. Uma ruptura do tendão de Aquiles em um atleta de meia-idade pode ter sido facilitada na verdade por distúrbios do metabolismo dos triglicerídeos. E ainda, o incremento das inocentes quedas das pessoas entre os 60 e 70 anos de idade tem como importante fator contributivo a perda de 12% de sua musculatura que ocorre nesse período, que pode chegar a 30% aos 80 anos de idade. Quanto mais músculo se perde maior é o sinal do envelhecimento celular. Com isso, há aumento da chance de aparecimento das doenças degenerativas cardíacas, Diabetes e o Câncer. Providências pertinentes para cada caso devem ser tomadas.

A reflexão e a comunicação de nossas necessidades percorrem um longo caminho de maturação desde a infância até o mundo adulto. Evoluímos do choro, sorrisos, sons inarticulados para a fala social. Depois, a fala refletida, depois de uma "conversa interior". Acrescem-se os movimentos gestuais, trejeitos, o tipo de roupa, expressões de grupos de pertencimento vistos em tatuagens, uso de brincos, correntes e anéis. Outros grupos se identificam pela posse de certos bens, frequentarem os mesmos endereços ou o mesmo *site*.

Nesse decorrer, muitos acontecimentos agem como desorganizadores, pois provocam, encenam ou revivem os mais diversos sentimentos: temor, angústia, irritação e amor. O relato de nossa experiência condiz com o que ela representa em nossa consciência. O que assegura o entendimento é a similitude da percepção de quem escuta. Pois, ratifica a veracidade daquele relato, porque é dotado da mesma humanidade. A aquisição das palavras certas na hora certa é o que concede aos adultos a possiblidade de construir o ajustamento que se pretende nos diversos ambientes, seja em casa, no trabalho ou no lazer. É um sistema altamente dinâmico que percorre caminhos entre a idealização, o comportamento e a concretização das atividades.

Quando inauguramos esse processo em nossa infância, frequentemente falamos sozinhos testando a satisfação imediata de nossos desejos. É a etapa que a criança pensa em voz alta. O mundo adulto escuta e relativiza, pois, sabe que pertence ao mundo dos sonhos e fantasias. Fazemos "ouvidos de mercador" ao escutar os sucessivos pedidos que não refletem um entendimento da realidade. Dessa forma, a criança inicia a experiência e a compreensão da frustração e a lógica da realidade. Transitar do mundo egocêntrico para a realidade da convivência é um dos maiores passos existenciais e desafiadores do nosso ser. A criança, habitualmente, a partir dos 6 ou 7 anos já domina esse diálogo interior de forma silenciosa. É a reflexão. Por vezes, em situações de muitas dificuldades retrocedemos ao estágio de resmungar para liberar a tensão, buscar uma solução ou fazer um plano para nos salvar.

Nossas memórias e discrição nessa hora nos concedem dádivas. Inspirado, canta Higor Redivo em "Voz interior": Segredo de nós dois/Eu não escreverei/Eu apenas visualizo/As lembranças que guardei.

Referências

Crandall CJ, Mehta JM, Manson JE. Management of menopausal symptoms: a review. JAMA. 2023 Feb 7; 329(5): 405-20.

Larkin M. These four GI Conditions may predict parkinson's disease. Medscape. 2023 Aug 31. [acesso em 2023 nov 13]. Disponível em: https://www.medscape.com/viewarticle/996013?form=fpf.

22

A revelação

O ciclo da vida se renova a cada amanhecer. E é natural fazer comparações porque estamos inseridos na convivência de nossa família e comunidade. Buscamos a todo momento compreender o que acontece a nossa volta, pois o que acontece com o outro poderá ocorrer conosco. Como se concretizou e que fatores facilitadores contribuíram para a eclosão daquela situação específica vem à tona quando perscrutamos um fato. Avançar no entendimento de como somos responsáveis com nossa parcela para o tempo presente e futuro, pode nos ajudar a escolher novos caminhos.

Nosso cérebro é incrivelmente antenado para suas necessidades. A vida quotidiana tende a se repetir. Assim, conseguimos perceber paulatinamente o sentimento que ressoa em nós que é testado no limite. Experimentamos ora de forma clara, ora de forma nebulosa o significado daquela circunstância que nos faz reagir. E não há uma receita pronta para a solução dos problemas da vida, uma vez que os desafios vistos de fora são diferentes da experiência vivida por dentro.

Uma das causas mais comuns das frustrações e incompreensões é a cegueira dos sentidos. Além dos domínios sensoriais clássicos conhecidos como o tátil, olfativo, gustativo, visual e auditivo, encontramos grupos de pessoas que revelam outras três categorias desses domínios. Algumas demandam fortes emoções, sabores ou cheiros para equilibrar seus sentidos ou se sentirem preenchidas. Outras se comportam distraídas ou hiper focadas para se desvencilharem dos ruídos do mundo. Outras se apresentam sem energia ou força muscular para fazerem as coisas. Ainda outras usam seus músculos agitadamente para sentir que suas pernas e braços estão mesmo conectados por mais estranho que isso soa parecer. Essa constatação é um achado. Pois somos formados por cerca de 400 músculos e seria de esperar que se reconhecesse mais cedo ou mais tarde seu papel nos mais diversos contextos.

No campo da visão, isso também pode acontecer. Na Síndrome de Irlen ocorre grande sensibilidade à luz. Em algumas populações chega a afetar uma em cada sete crianças que apresentam dificuldade de leitura e aprendizado, às vezes acompanhada de dor nos olhos e dor de cabeça. Esse problema pode ser contornado trocando-se o papel branco onde está a escrita por papéis coloridos. Como por encanto as crianças conseguem ler! Óculos com lentes coloridas que filtram a luz podem efetivamente ainda mais melhorar a percepção visual. Eventualmente isso pode explicar também por que algumas crianças choram exasperadamente ou se sentem tão desconfortáveis em um ambiente de "clarão" de um supermercado.

Uma em cada seis crianças pode ter um problema sensorial e 1 em cada 20 pessoas pode apresentá-lo em tal intensidade que os faz sofrer neste mundo sem serem compreendidas. É de se notar que há pessoas não verbais, há quem entende bem uma informação somente se escutar as palavras em um ritmo bem devagar. Tem gente que capta muito mais informações de um acontecimento do que é possível se imaginar. Um perfume pode roubar a cena e fazer tudo acontecer. Ou uma cor, uma música, ou um decote podem deflagrar novas trajetórias de vida dados os sentimentos e reações que despertam.

Conhecer-se e conviver perpassa por estar atento a todos os detalhes. Não se pode rotular nem a si mesmo, quanto mais os outros. O que importa mesmo é focar nos problemas e como os resolver. Aquilo que não conseguimos fazer sozinhos é porque precisamos de colaboração, simples assim!

Repensar como as ciências da Saúde enxergam a causa das doenças tem feito muita diferença na vida das pessoas. Cada vez mais, à medida que se descobre onde tudo começou, seja no gene, seja na enzima que falta ou no que altera a capacidade de amar se consegue guiar o tratamento individualizado que alguém de fato precisa. Vale também a perspectiva do recém-nascido que acabou de chegar, pois esse conhecimento poderá conduzir a prevenções mais assertivas.

Repensar a Ciência e fazer releituras deve ser nossa sina nos tornará capazes de "Ir Além". Aliás, esse é o título da canção de Eros Biondini que nos inspira a promover a paz de convivência que tanto almejamos: "Posso alcançar minhas vitórias sem ferir ninguém". O caminho é o da superação que alimenta a autoestima e o amor pela vida.

Referências

Grandin T, Panek R. O cérebro autista. 17. ed. Rio de Janeiro: Record; 2015.

Lenscope. Síndrome de Irlen: o que é e como tratar. São Paulo. 2021 jan 31. [acesso em 2023 nov 13]. Disponível em: https://lenscope.com.br/blog/sindrome-de-irlen/L.

Sobre o autor

Fábio Ribeiro Baião nasceu em Raul Soares - MG, em 1966, onde cursou a escola primária e o ginásio até a oitava série (hoje chamado fundamental I). Fez dois anos da escola secundária em Belo Horizonte - MG, no Colégio Santo Antônio. Foi intercambista do AFS em Sheboygan Falls - WI, EUA, onde completou o terceiro ano do segundo grau. Cursou Medicina na UFMG, Ortopedia no Hospital das Clínicas da UFMG e Hospital da Baleia e mestrado em Gestão Social, Educação e Desenvolvimento Local, no Centro Universitário UNA em Belo Horizonte. Conviveu desde cedo com os livros por motivação da família, tendo tido mãe professora do estado. O conjunto de livros que mais o impressionou na infância foi o *Tesouro da Juventude*, uma coleção de 18 volumes que formavam uma verdadeira enciclopédia sobre os mais diversos assuntos. Foi uma doação da tia-avó Idelonita, uma verdadeira mecenas para todos os sobrinhos. Fábio participou a partir dos 10 anos de idade da banda de música municipal - Corporação Musical Santa Cecília - pela qual se formou trompetista e cultivou preciosas amizades. Experimentou o trabalho desde os 10 anos de idade no pequeno negócio de armarinho do pai que foi o sustento da família. Orgulha-se muito de ter aprendido o ofício de balconista da loja. É uma pessoa simples que gosta de servir e trabalha ativamente com generosidade na profissão médica no consultório e como cirurgião ortopedista há 30 anos. Ama o que faz e se sente muito contente com as oportunidades que a vida oferece a cada dia.